职业院校计算机应用技术专业系列教材

U0272394

文字录入

Wenzi Luru

（第 2 版）

主编　虞胜兰　薛　方

副主编　李　娟　刘红艳　李向阳

高等教育出版社·北京

内容提要

本书是职业院校计算机应用技术专业系列教材，依据《湖北省职业院校计算机应用技术专业中高职衔接教学标准》，在第 1 版的基础上修订而成。全书通过"项目引领、任务驱动"的教学方式，结合岗位职业能力的需求，由浅入深、循序渐进，突出了知识点的讲解及上机实战操作两个方面的内容。

全书共 5 个项目，主要内容包括"键盘攻略""输入法的设置及拼音输入法应用""五笔字型输入法的快乐之旅""综合实训"及"我是速录员"等。

本书配套网络教学资源，使用本书封底所赠的学习卡，登录 http://abook. hep. com. cn/sve，可获得相关资源，详见书末"郑重声明"页。

本书内容系统，层次清晰，实用性强，适用于中高职计算机及相关专业使用，也可作为计算机操作的培训教学用书。

图书在版编目（C I P）数据

文字录入／虞胜兰，薛方主编．-- 2 版．-- 北京：高等教育出版社，2021.8（2022.12重印）

ISBN 978-7-04-056282-8

Ⅰ.①文… Ⅱ.①虞… ②薛… Ⅲ.①中文输入-中等专业学校-教材 Ⅳ.①TP391.14

中国版本图书馆 CIP 数据核字（2021）第 120174 号

策划编辑	俞丽莎	责任编辑 俞丽莎	封面设计 姜 磊	版式设计 徐艳妮
插图绘制	邓 超	责任校对 张 薇	责任印制 刘思涵	

出版发行	高等教育出版社	网 址	http://www.hep.edu.cn
社 址	北京市西城区德外大街 4 号		http://www.hep.com.cn
邮政编码	100120	网上订购	http://www.hepmall.com.cn
印 刷	三河市华润印刷有限公司		http://www.hepmall.com
开 本	787 mm×1092 mm 1/16		http://www.hepmall.cn
印 张	9.25	版 次	2016 年 7 月第 1 版
字 数	150 千字		2021 年 8 月第 2 版
购书热线	010-58581118	印 次	2022 年 12 月第 4 次印刷
咨询电话	400-810-0598	定 价	21.00 元

前　言

　　"文字录入"是计算机应用专业的一门专业核心课程。汉字录入是本专业学生需要掌握的基本技能，也是使用计算机进行办公文档处理的基础。本课程的目标在于培养学生具备从事数据录入、办公室事务处理工作的基本职业能力，为学生获得《计算机文字录入员》《速录员》《计算机操作员》等职业资格证书和后续专业化方向课程学习做准备。

　　本次再版主要是根据相关行业标准和教学标准来修订，对操作系统和软件版本进行了升级，增加了最新技术和活动案例，更加贴近行业职业需求。其他主要特点如下：

　　(1) 实用性强。本书以行业需求、中职学情、课程标准为依据，"实用为主，够用为度"，教材采用"项目导向，任务驱动，活动为主"的编写模式，把工作环境和教学环境有机结合，吸收一线教师多年的教学经验。精选企业案例作为项目内容，分层细化任务，注重活动实施，使学生在学、思、练中将知识转换为技能。每个项目包含2~5个任务，每个任务由"任务描述""问题引导""知识学习""任务实施"和"知识拓展"等模块组成，任务讲解全面细致，实施步骤均有配图，学生操作容易上手，适合课后反复学习。

　　(2) 操作性强。通过"任务描述"—"问题引导"—"知识学习"—"任务实施"—"同步练习"—"拓展练习"—"学习评估"七个环节完成教学，采用"边教边学，边学边用"的方式，使教学更有趣、更直观、更简便。

　　(3) 任务实施。任务实施由"实施过程"—"实施结果"—"实施验证"三个模块组成，不仅关注过程，更着眼于实施的效果，通过对不足的纠正，再次验证知识及技能的掌握情况，真正做到学有所得。

本书参考课时分配如下：

项　目	任　务	课时安排		总　课　时
		讲授	实践	
项目1 键盘攻略	任务 1-1　认识键盘	1		10 （讲授 4 课时， 实践 6 课时）
	任务 1-2　指法基础		1	
	任务 1-3　主键盘的操作	1	1	
	任务 1-4　数字键盘的操作	1	1	
	任务 1-5　特殊键位及符号键的操作	1	1	
	项目实训			
	项目总结		2	
	学习评估			
项目2 输入法的 设置及拼音 输入法应用	任务 2-1　认识汉字输入法	1	1	10 （讲授 3 课时， 实践 7 课时）
	任务 2-2　中文输入法的设置	1	1	
	任务 2-3　输入法的切换	1	1	
	任务 2-4　搜狗拼音输入法		2	
	项目实训			
	项目总结		2	
	学习评估			
项目3 五笔字型 输入法的 快乐之旅	任务 3-1　认识五笔字型输入法	2	4	28 （讲授 8 课时， 实践 20 课时）
	任务 3-2　汉字的拆分与输入	2	4	
	任务 3-3　五笔字型的简码	2	4	
	任务 3-4　五笔字型词组输入	2	4	
	任务 3-5　文档的录入		2	
	项目实训			
	项目总结		2	
	学习评估			

续表

| 项　　目 | 任　　务 | 课时安排 | | 总　课　时 |
		讲授	实践	
项目4 综合实训	任务4-1　新闻报道的文字录入		2	6 （实践6课时）
	任务4-2　印刷行业的文字录入		2	
	任务4-3　电商客服的文字录入		2	
	项目总结		2	
	学习评估			
项目5 我是速录员	任务5-1　认识速录员	1		6 （讲授1课时， 实践5课时）
	任务5-2　会议纪要		2	
	任务5-3　手写文稿的录入		2	
	项目实训			
	项目总结		1	
	学习评估			

本书配有网络教学资源，请登录 Abook 网站 http://abook.hep.com.cn/sve，可获取相关资源。详细说明见本书"郑重声明"页。

本书由虞胜兰、薛方主编。李娟、刘红艳、李向阳担任副主编。具体编写分工：项目一由薛方、李雪姣、程晓荣编写；项目二由虞胜兰、李娟编写；项目三由刘红艳、张世兵、刘江涛编写；项目四由朱希平编写；项目五由李向阳编写。在本书的编写过程中，调研了地方电台、报社及飞软创新（武汉）科技有限公司，并得到了他们的大力支持，获取了汉字录入规范、相关的职业岗位要求等内容，在此一并表示衷心的感谢。

由于编者水平有限，书中难免有不足之处，敬请广大师生和读者给予批评指正。

编　者

2021 年 3 月

目　录

项目 1　键盘攻略　　　　　　　　　　　　　　　　　　　　　　　　　　　1

　　任务 1-1　认识键盘　/　2

　　任务 1-2　指法基础　/　7

　　任务 1-3　主键盘的操作　/　11

　　任务 1-4　数字键盘的操作　/　15

　　任务 1-5　特殊键位及符号键的操作　/　17

项目 2　输入法的设置及拼音输入法的应用　　　　　　　　　　　　　　　26

　　任务 2-1　认识汉字输入法　/　27

　　任务 2-2　中文输入法的设置　/　31

　　任务 2-3　输入法的切换　/　39

　　任务 2-4　搜狗拼音输入法　/　45

项目 3　五笔字型输入法的快乐之旅　　　　　　　　　　　　　　　　　　57

　　任务 3-1　认识五笔字型输入法　/　58

　　任务 3-2　汉字的拆分与输入　/　75

　　任务 3-3　五笔字型的简码　/　92

　　任务 3-4　五笔字型词组输入　/　98

　　任务 3-5　文档的录入　/　104

项目4　综合实训　　114

任务 4-1　新闻报道的文字录入　／　115

任务 4-2　印刷行业的文字录入　／　116

任务 4-3　电商客服的文字录入　／　119

项目5　我是速录员　　123

任务 5-1　认识速录员　／　124

任务 5-2　会议纪要　／　126

任务 5-3　手写文稿的录入　／　130

附录　　134

附录 1　键盘分区　／　134

附录 2　手指分工　／　135

附录 3　Windows 10 常用快捷键　／　136

附录 4　五笔字根表　／　137

项目1
键盘攻略

学习目标

◇ 知识目标

了解键盘的布局和每一个键位的位置及用途。

能够正确使用键盘，并掌握一些特殊键的功能。

◇ 技能目标

掌握并熟练使用字符键和功能控制键。

熟悉一些常用的功能组合键。

◇ 素养目标

通过实践培养认真、细致、扎实的职业素养。

项目导读

在计算机的日常应用中，使用计算机编写文档、上网聊天、查询资料等，都需要向计算机中输入文字。键盘作为必不可少的输入设备，却往往不受重视，认为没有必要专门去学习键盘的相关知识，从而未能达到键盘操作的最佳状态。随着计算机技术的发展，现在普遍使用的键盘不仅性能更加完善，也越来越重视其外形及"以人为本"的设计理念。本项目将以标准104键键盘为例，主要从主键盘区、功能键区、控制键区、数字键区、状态指示区这5个区域对键盘各个键位的功能进行详细介绍。

任务 1-1　认识键盘

📖 任务描述

在操作计算机时，键盘是除鼠标以外使用最多的工具，也是必不可少的输入设备，其作用是向计算机输入命令、数据和程序。学习使用计算机，首先应熟悉键盘操作，只有了解了键盘的结构、功能，才能更有效地进行数据的录入及处理。

📖 问题引导

1. 键盘上有多少个键位？它们是怎样分布的？
2. 对这么多键位要如何进行记忆呢？
3. 键盘上的每个键位各有什么作用？

📖 知识学习

了解键盘的组成、基准键位的位置以及特殊功能键的使用。

📖 任务实施

目前计算机中普遍使用的是通用扩展键盘。键盘由一组按阵列方式装配在一起的按键开关组成，不同的按键上标有不同的字符，每按一个键就相当于接通了相应的开关电路，随即将该键所对应的字符代码通过接口电路送入计算机。键盘通过一根电缆（+5 V 电源、地线和两条双向信号线）与主机相连接。

目前，市场上键盘的种类和外形繁多，主要分为 104 键（如图 1-1-1 所示）和 107 键两种，这里介绍的是标准 104 键键盘。

键盘一般分为 5 个区域，分别是：主键盘区、功能键区、控制键区、数字

图 1-1-1 键盘区域的划分

键区、状态指示区。为了方便记忆，可采取分区记忆的方法，并遵循从上到下、从左到右的顺序。键盘区域的具体划分如图 1-1-1 所示。

1. 主键盘区

主键盘区共有 61 个键，包含所有英文字母、数字、符号，通常用于输入文字、数字、符号等，如图 1-1-2 所示。

图 1-1-2 主键盘区

计算机键盘的中部是字符键，用来输入 26 个英语字母和键面标记的一些符号。

（1）字母键：26 个（A~Z），输入大小写英文字母或汉字编码。

（2）数字键：10 个（0~9），输入阿拉伯数字，有的汉字编码也用到数字键。

（3）符号键：21 个，其中有 10 个符号键与数字键在同一键位上。

（4）空格键：1 个，位于键盘下面的长键，用于输入空格。

（5）Tab（制表）键：1 个，按一下此键，光标向右移动一个制表符的距离（2 个字符，可自定义）。

（6）CapsLock（大写锁定）键：1 个，按一次该键，输入的字母为大写字母；再按一下该键，还原为以前的小写输入状态。

（7）Shift（上挡）键：2 个，状态转换键或上挡键。

① 快速输入大写字母：同时按下此键和一字母键，输入的是大写字母。

② 快速输入上排符号：同时按下此键和一数字键或符号键，输入的是这些键位上排的符号。

（8）Ctrl（控制）键：2 个，该键一般不单独使用，通常和其他键配合使用，起控制作用。

（9）Alt（转换）键：2 个，该键一般不单独使用，通常和其他键配合使用，起转换作用。

（10） ▣ （Windows）键：2 个，用于显示或隐藏"开始"菜单。

（11）应用程序键▣：1 个，用于打开快捷功能菜单（相当于鼠标右键）。

（12）Backspace（退格）键：1 个，按下该键，光标向左退一格，并删除光标左边的一个字符。

（13）Enter（回车）键：1 个。

① 执行键：一般情况下，向计算机输入命令后，按下 Enter 键计算机才会执行该命令。

② 换行键：在输入文字信息或资料的过程中，需要按下 Enter 键光标才会切换到下一行。

2. 功能键区

功能键区共有 16 个键，用来控制计算机的各种功能，故称为功能键，如图 1-1-3 所示。

图 1-1-3 功能键区

（1）Esc（取消）键：1 个，用于取消输入的命令。该键功能常被软件重新定义。

（2）F1~F12 功能键，共 12 个键，在不同的应用程序中会产生不同的功能，同时配合 Ctrl 或 Alt 键可产生特殊的功能。

（3）PrtSc SysRq（屏幕打印）键：1 个，按下此键，可将当前屏幕的图像复制到"剪贴板"中。

（4）Scroll Lock（滚屏锁定）键：1 个，用于滚屏锁定，该键使用率不高。

（5）Pause Break（暂停）键：1 个，用于让正在滚动显示的屏幕停止，再按任一键后恢复滚动。

3. 控制键区

控制键区共有 10 个键，即光标控制键，常用于在文字的编辑过程中控制光标的移动、翻页，以及文字的插入与删除等，如图 1-1-4 所示。

图 1-1-4　控制键区

（1）←↑↓→方向键：1 组 4 个键，用于控制光标上、下、左、右移动。

（2）Home 键：1 个，将光标移向当前行的最左端。

（3）End 键：1 个，将光标移到当前行的最右端。

（4）Page Up 键：1 个，用于向上（前）翻动一屏。

（5）Page Down 键：1 个，用于向下（后）翻动一屏。

（6）Insert 插入键：1 个，在光标当前位置插入字符或汉字。在输入文字信息或资料的过程中，此键为"插入/改写"转换键。

（7）Delete（删除）键：1 个，按下该键，删除光标当前位置之后的或选中字符。

4. 数字键区

数字键区共有 17 个键，位于键盘的右侧，又称为"小键盘区"，主要是为了方便输入数字，包括数字 0~9，加、减、乘、除四则运算符号。通常在录入大量的数字或调用计算器时使用，如图 1-1-5 所示。

（1）Num Lock（数字锁定）键：1 个，按下此键（灯亮），数字键区中的数字键才能顺利录入。

（2）数字键：10 个（0~9），输入阿拉伯数字。

（3）其他键：6 个，分别为 Del、Enter 等，功能同上。

5. 状态指示区

状态指示区位于数字键区的上方，包括 3 个状态指示灯，用于显示键盘的工作状态，如图 1-1-6 所示。

图 1-1-5　数字键区　　　图 1-1-6　状态指示区

（1）Num：数字锁定键指示灯。当灯亮时，数字键盘用于输入数字；当灯灭时，数字键盘用于数字下所标识的功能。

（2）Caps：大写锁定指示灯。当灯亮时，字母输入为大写，反之则为小写。

（3）Scroll：滚屏锁定键指示灯。当灯亮时，用于锁定滚屏，反之则解锁。

📖 **知识拓展** ————————————————————————→

在操作键盘的过程中，除了进行单键操作外，也可以进行 2 个键或 3 个键的操作。2 个键或 3 个键的同时操作称为组合键操作，每种软件操作过程中都将产生不同的组合键操作。下面介绍一些常用组合功能键：

• Ctrl+Esc：打开"开始"菜单。

• Alt+Tab：窗口切换。

• Ctrl+Shift：输入法切换。

• Ctrl+空格：中/英文输入法切换。

• Alt+F4：退出当前应用程序。

• Shift+字母：字母大小写转换（默认状态下，按字母键输入小写，按住 Shift 键输入的字母为大写，松开 Shift 键时又恢复小写状态）。

• Ctrl+Alt+Delete：弹出登录管理界面，在此界面用户可以选择"注销""任务管理器"等选项。

• Win+D：显示桌面。

• Win+E：打开"我的电脑"或"文件资源管理器"窗口。

• Win+F：打开"反馈中心"窗口。

• Win+R：打开"运行"对话框。

更多快捷键详见附录 3。

 # 任务 1-2　指法基础

📖 任务描述

要很好地完成汉字录入的任务，必须有良好的键盘指法。本任务将介绍计算机录入中的键盘指法。

📖 问题引导

你认识计算机的输入设备——键盘吗？键盘中的键位是怎样分布的？

📖 知识学习

1. 掌握正确的打字姿势。
2. 掌握正确的键盘指法。

📖 任务实施

1. 选择合适的办公桌椅

"工欲善其事，必先利其器。"一般来说，一套合适的办公桌椅将令你的

1

办公过程变得轻松和愉快。

大多数办公桌桌面高度为 72~76 cm，再配一把高低可调的座椅，可以适当减轻因为长期弯腰或伸长脖子而造成的身体伤害。

2. 正确的打字姿势

（1）初学键盘输入时，必须注意击键的姿势。如果初学时姿势不当，就不能做到准确而快速地输入，并且也容易疲劳。开始练习击键时，必须养成保持正确击键姿势的良好习惯。

（2）原稿一般放在左侧，最好配置稿架，以调整高低、远近，便于录入。照明光线来自左前侧为宜，若用灯光照明，则应将灯光放在左前上方，光线柔和、能见度较好。椅子高度的调整，以坐下时不用挪动手臂、双手可以探到最高一行字符键为宜。椅子太高，容易疲劳；椅子太低，不但影响击键速度，而且时间长了，身体也会感到不适。

（3）座位应正对机身（屏幕），并保持适当距离，身体保持笔直，臀部尽量靠在座椅后部；应将全身重量置于椅子之上，不要用手臂支撑上身重量，胸部挺起且略为前倾；双膝平放，不要交叉或翘起二郎腿；下肢宜直，小腿与地面成 90°直角；双脚平放在地面上，脚尖不可向上；上臂和肘自然下垂接近身体，两肘轻轻贴于腋边，不要岔开；双腕稍向下但不要碰到键盘，如图 1-2-1、图 1-2-2 所示。

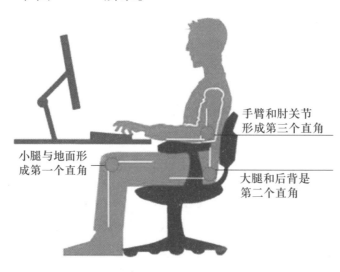

图 1-2-1　正确的打字姿势

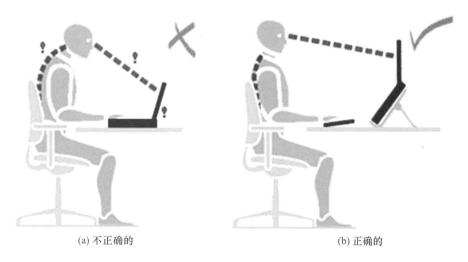

(a) 不正确的　　　　　　　　　　　　　(b) 正确的

图 1-2-2　打字姿势

归纳起来，正确的打字姿势要求：直腰、弓手、立指、弹键。

3. 正确的键盘指法

（1）基本键位

在主键盘区中，"ＡＳＤＦＪＫＬ；"这 8 个键位为基本键位，其中 F 键和 J 键下方有凸起的横线，称为基准键，如图 1-2-3 所示。

图 1-2-3　基本键指法图

- 不击键时，手指轻放在 8 个基本键位上。
- 凡击其他键时，手指均从基本键位出发，击键后应返回基本键位上。
- 熟练掌握 8 个基本键位的位置及击键动作，有助于熟练击打其他键。
- 初学者进行录入练习时，首先应掌握基本键位键的指法。

（2）十指分工

空格键由双手大拇指控制击键。图 1-2-4 所示为十指击键的键盘指法图。

图 1-2-4　键盘指法图

击键要求：

- 击键时用各手指第一指关节击键。
- 击键时第一指关节应与键面垂直。
- 击键时应由手指发力击下。
- 击键时先使手指高离键面 0.5~1 cm，然后击下。
- 击键完毕，应使手指立即归位到基本键位上。
- 不击键时手指不要离开基本键位。
- 当需要同时按下两个键时，若这两个键分别位于左右手区，则左右手配合击键。

任务 1-3　主键盘的操作

📖 任务描述

盲打是实现文字录入快速、高效的必备技巧。本任务将介绍盲打的技巧，并使用"金山打字通"软件进行辅助练习。

📖 问题引导

盲打是计算机录入的基本要求。如果需要提高打字速度，必须学会盲打。练习盲打最基本的方法是牢记键盘指法。

📖 知识学习

1. 盲打技巧。
2. 主键盘键位练习。

📖 任务实施

1. 盲打

计算机录入的盲打是指在计算机录入过程中不用看键盘就能实现正确录入的技能。

2. 盲打技巧

很多人学不会盲打是因为没找到一种简单易行的练习方法。盲打练习主要技巧如下：

（1）坚决按照标准指法进行练习。

（2）两手食指在击键后要马上回到基准键上（即 F 键和 J 键）定位，如

图 1-3-1 所示。

图 1-3-1 金山打字通基准键之原点键界面

（3）手指在每一次击键后都要马上回到基本键位上。

（4）在练习过程中，一定不要低头用眼睛在键盘上找键位，努力用记忆、用手指去寻找键位。指位练习可参考表 1-3-1。

表 1-3-1 指位练习表

手指位	左 手				右 手			
	小指	无名指	中指	食指	食指	中指	无名指	小指
基准键	A	S	D	F G	H J	K	L	; '
上一行	Q	W	E	R T	Y U	I	O	P [ ] \
下一行	Z	X	C	V B	N M	,	.	/
数字键	` 1	2	3	4 5	6 7	8	9	0 - =

（5）手指击打键位的动作一定要轻、快、有弹性。

（6）手指击键一定按指法要求，按照"上下移动"的原则，击打各手指分工键位，不能错乱。

（7）所有需要使用上挡键（Shift）时，采用左、右手配合的方式，所以上挡键在键盘的布局中是左、右各一个，以利于左、右手配合击打。如标注在数字"1"上的"！"，用右手小指压下右上挡键之后，用左手小指击打数字"1"来进行录入；标注在数字"0"上的"）"，用左手小指压下左上挡键之后，用右手小指击打数字"0"来进行录入。

（8）通过反复耐心的练习建立起手指的动作记忆，盲打也就"功到自然成"了。

3. 主键盘键位练习

（1）基础练习——26 个字母练习

基本键位练习：主要是对 10 个基本键的练习，如图 1-3-2 和图 1-3-3 所示。

图 1-3-2　金山打字通基本键位练习界面

字母键练习：练习 26 个小写字母，如图 1-3-3 所示。

要求：不要求速度，目的是找准键位，建立手指动作记忆。

（2）进阶练习——单词练习

打开"金山打字通"软件，选择"英文打字"，进入"单词练习"，对照提示依次用标准指法录入，如图 1-3-4 所示。

1

图 1-3-3　金山打字通 26 个字母练习界面

图 1-3-4　金山打字通英文单词练习界面

要求：不要低头到键盘中寻找击打的键位，要强化手指动作记忆，正确率不得低于95%。

（3）强化练习——语句练习

打开"金山打字通"软件，选择"英文打字"，进入"语句练习"，对照提示依次用标准指法录入，如图1-3-5所示。

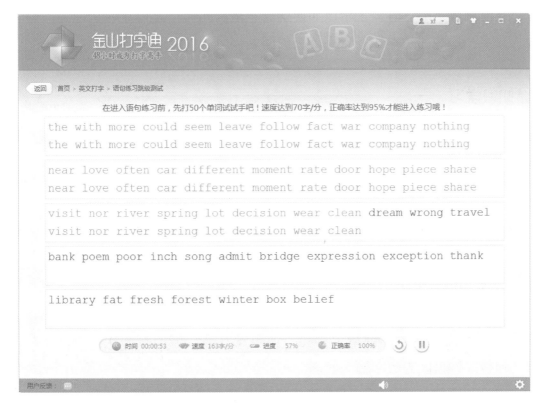

图1-3-5　金山打字通英文语句练习界面

要求：进一步强化手指动作记忆，指法正确，正确率不低于95%。

 任务1-4　数字键盘的操作

📖 **任务描述**

数字键盘有助于实现大量的数字录入操作，例如金融业务、财务工作、各

1

种账号和密码的输入等，都离不开数字键盘。

📖 **问题引导** ————————————————————→

在使用数字键盘时，手指该如何摆放？指法如何？怎样才能快速、准确地录入数字？这些都是本任务着重解决的问题。

📖 **知识学习** ————————————————————→

1. 数字键盘指法。
2. 数字键盘键位练习。

📖 **任务实施** ————————————————————→

1. 数字键盘指法

（1）数字键盘指法全部集中在右手。

（2）保证数字锁定键指示灯亮，如果没有亮，需要按一次"Num Lock"键，使数字键盘区为数字输入状态。

（3）右手食指、中指、无名指依次放在基本键"4""5""6"上。

（4）中指所对应的"5"键是数字键盘区的基准键，有定位作用，所以每一次击打键位的动作完成后，中指应返回"5"键，保证食指和无名指准确回到"4"键和"6"键上。

（5）指法分工：大拇指负责"0"键，食指负责"1""4""7"键，中指负责"2""5""8"键，无名指负责"3""6""9"键，小指负责"Enter"键，如图1-4-1所示。

（6）与主键盘指法一样，手指采用"上下移动"的原则击键。手指击键要正确，动作要轻，要快，要有弹性，击键之后手指要立刻回到基本键上。

2. 数字键区键位练习

（1）基础练习

从"4 5 6"键开始，依次击打"4 5 6""1 2 3""7 8 9""2 5 8""1 4 7""3 6 9"，并反复练习。

小键盘基准键位及手指分工

小键盘的基准键位是[4] [5] [6]键。小键盘区的数字5上面有个凸起的小横杠或者小圆点，盲打时可以通过它找到基准键位。

图 1-4-1　数字小键盘指法图

（2）进阶练习

在数字键盘中录入一组随意数字，注意指法的正确和录入的正确。如：986.8690875281473745.876.938232558224650481 5428...08683669.0936529939.14808505507.7838092260543591535.9440。

也可以如任务 1-3 一样，借助其他软件或登录"我爱五笔网"进行练习。

（3）强化练习

采用两人合作，一个报读数字并监督录入的正确性，一人进行录入练习。要求录入练习的结果做到指法正确、录入正确。

 任务 1-5　特殊键位及符号键的操作

📖 任务描述

在任务 1-1 中已经详细讲解了特殊键位的功能，本任务将对这些键位的操作方法做进一步介绍。在中英文数据处理中，掌握符号录入的操作可以大大提高录入的效率。本项目将使用"金山打字通"软件进行符号录入练习。

1

📖 问题引导 ————————————————————————→

特殊键位应如何操作？如何熟练掌握符号的输入方法？将是本任务着重解决的问题。

📖 知识学习 ————————————————————————→

1. 特殊键位的功能及操作方法。
2. 常用符号的练习。

📖 任务实施 ————————————————————————→

1. 特殊键位的功能及操作方法

（1）控制类按键（见表 1-5-1）

表 1-5-1　控制类按键

键　位	功　能	用　　法
Esc	退出	1. 上网时，如果点错了某个网址，直接按 Esc 键即可停止打开当前网页。 2. 上网时总免不了要填写一些用户名等内容，如果填错了，按 Esc 键即可清除所有的框内内容；而打字时，如果打错了也可以按 Esc 键来清除错误的选字框。 3. 按下 Ctrl+Shift+Esc 组合键可启动任务管理器。 4. 当某个程序不处于活动状态而我们又想将其恢复为活动状态时，按 Alt+Esc 键即可激活该应用程序，而不必用鼠标单击程序标题栏。 5. 对于存在"取消"选项的弹出窗口而言，如果要选择取消，直接按 Esc 键即可实现"取消"操作
Tab	跳格	Alt+Tab 组合键可用来切换窗口和程序
Caps Lock	大小写字母锁定	用户在输入英文时，可以按下 Caps Lock 键来切换字母大小写
Shift	上挡键	按 Shift 键的同时按字母键可输入大写字母，按 Shift 键的同时按符号键可输入上挡位符号，以及更多和其他键的组合功能

续表

键　位	功　能	用　　法
Alt	组合键	经常和其他键组合使用，如 Alt+Tab 为切换窗口和程序，Alt+F4 为关闭窗口和程序
Backspace	退格	在编辑文字时，按下此键可以删除光标前面的内容，在浏览网页或其他窗口时，按下此键可以退回上一页面
Num Lock	数字键盘锁定	灯亮时可输入数字，灯灭时可控制光标

（2）文档编辑类按键（见表 1-5-2）

表 1-5-2　文档编辑类按键

键　位	功　能	用　　法
Insert	插入/改写	在 Word 软件中默认为插入状态，按下此键切换为改写状态，再次按下则还原
Delete	删除	可以删除选定的文件或程序，在编辑文字信息时删除选定的内容或光标后面的内容
Home	控制光标	1. 编辑文字时按下此键可跳转至行首，按下"Ctrl+Home"组合键跳转至文首。 2. 浏览网页时，按下此键可以跳转到首页
End	控制光标	操作方法与 Home 键相同，效果相反
Page Up	向上/前翻页	当用户浏览网页、文档或图片时，按下此键即可以向上/前翻一页
Page Down	向下/后翻页	当用户浏览网页、文档或图片时，按下此键即可以向下/后翻一页
Pause Break	暂停	在某些程序中按下此键起到暂停的作用
Win	Windows 键	用于显示或隐藏"开始"菜单
PrtSc SysRq	屏幕打印	用户按下此键时，便会将当前屏幕的图像复制到剪贴板中，在"画图"软件中粘贴即可保存该图像

（3）功能类按键（见表 1-5-3）

1

表 1-5-3　功能类按键

键　位	功　能	用　法
F1	帮助	按下 F1 键，通常会弹出一个"帮助"对话框
F2	重命名	在 Windows 下一般为"重命名"键，即当用户在选中一个文件夹或文件并按下 F2 键时，就可以对这个文件夹或文件进行重命名操作
F3	搜索	用户在 Windows 的一个窗口内按下 F3 键，就会弹出搜索任务窗格，并会将范围限定在当前文档下
F4	地址	用户在 Windows 资源管理器窗口中，按 F4 键会弹出地址下拉列表
F5	刷新	用户在浏览网页或其他内容时，按下 F5 键就会对当前内容进行刷新
F6	地址定位	用户在浏览网页时按下该键就会快速选中当前地址，方便用户修改
F7	不定	在 Windows 下作用不大，一般用作软件里某些功能的快捷键
F8	启动模式	在启动系统时，按下 F8 键就可以选择启动模式，例如安全模式
F9	不定	同 F7 键一样，一般用作软件里某些功能的快捷键
F10	保存 BIOS	同 F7 键一样，一般用作软件里某些功能的快捷键，不过在 BIOS 里面有保存的功能
F11	全屏	用户在使用浏览器或打开某个窗口时，按下 F11 键，就可以把当前窗口以全屏显示（不是最大化）
F12	不定	同 F7 键一样，一般用作软件里某些功能的快捷键

（4）常用组合键（见表 1-5-4）

表 1-5-4　常用组合键

键　位	功　能	用　法
Win+D	最小化所有窗口并转到桌面	这个快捷键组合可以将桌面上的所有窗口最小化，再次按下这个组合键，激活最小化之前在使用的窗口

续表

键　位	功　能	用　法
Win+F	反馈问题	在任何状态下，按 Win+F 组合键就会弹出"反馈中心"窗口
Win+R	打开"运行"对话框	按 Win+R 组合键，打开"运行"对话框
Win+E	打开文件资源管理器	按 Win+E 组合键，打开"文件资源管理器"对话框

2. 常用符号的练习

（1）使用金山打字通软件，练习常用符号的输入方法，如图 1-5-1 所示。

图 1-5-1　金山打字通常用符号练习界面

要求：不要求速度，根据软件提示不看键盘，形成手指记忆。

（2）使用"金山打字通"软件，按住 Shift 键的同时击符号所在键位，练习上挡位符号的输入方法，如图 1-5-2 所示。

要求：不要求速度，根据软件提示不看键盘，形成手指记忆。

图 1-5-2　金山打字通常用上挡位符号练习界面

项目实训

实训目标

使用正确的指法录入文章，培养手、眼、脑的协调能力，形成手指记忆，最终实现盲打。

实训内容

请对照以下内容，使用正确的指法录入文章。

实训环境

使用文本文档，在规定的时间内完成以下英文文章的录入，将两篇文章进行保存。

📖 **实训评价表** ──────────────────────→

文　章	完　成　时　间
实训一	
实训二	

实训一　英文及符号练习

根据所学指法在 10 分钟内录入以下英文文章，将录入结果保存为文本文档。

The Young Thief and His Mother

Long ago, there were a mother and a son living in a house. She worked hard everyday, but they were always poor.

One day, her son stole his friend's bag. "Mom, what do you think of this bag?" His mother praised her son rather than scolding him. "It looks great!" The next time, he stole an overcoat.

She praised him again when he stole it. A few years later, he grew up to be a young man. He stole jewelry and brought them to his mother. "How beautiful!" This time, she did not scold her son again. Then, because he was elated by his mother, he started to steal more expensive things.

One day, the police caught him. Before putting him in jail, he begged the police to meet his mother. They took him to his mother. As soon as he saw his mother, he bit her earlobe. "Ouch! What's the matter with you?" She finally scolded him. Her son answered. "If you had given me a scolding like that when I stole the first bag, I could not have become a thief." She collapsed as she looked at her son heading to prison. "If I only could turn back time, I would scold him severely." She regretted that she always praised him, whatever he did.

实训二　英文、数字及符号练习

根据所学指法在 15 分钟内录入以下英文文章，将录入结果保存为文本

1

文档。

Live on Give on

Bakken Invitation Award goes to Chinese for first time

The Bakken Invitation Award recently recognized a Chinese woman, Zhang Qi, 44, for her outstanding contributions to service, volunteerism and leadership in China's type 1 diabetes community. It is the first time the award has named a Chinese winner.

Zhang Qi was diagnosed with type 1 diabetes when she was only 7 years old. Since then, she has struggled to live a normal life, but she has never given up. Qi started using an insulin pump about 15 years ago.

Now, Zhang Qi works as a pediatric technician and volunteers with the Beijing Diabetes Prevention and Control Association. In 2015 she established the China Type I Diabetes Caring Foundation, a first-of-its-kind TID peer-to-peer education organization.

More than 170 patient volunteers from seven provinces joined the launch party in Tianjin in January 2015. Members are committed to counseling and sharing their experiences battling the disease with fellow patients in their local areas.

Zhang Qi also set up 13 private online groups on WeChat and QQ, two major social media platforms in China. The groups provide free, instant counseling for type 1 diabetes patients.

She has been in touch with over 2,000 type 1 diabetes patients and often encourages them, saying: "It's easy to get discouraged, but you are not alone. There is always someone to talk to, and if you can't find someone right away, keep trying."

Zhang Qi, as one of the 2015 Bakken Invitation Honorees, nominated the Beijing Diabetes Prevention and Control Association for a $20,000 grant from Medtronic Philanthropy. She just returned from a trip to Hawaii for the honorees, where she met Medtronic co-founder Earl Bakken and shared her story with honorees all over the world.

📟 项目总结

项目重点	**知识点**	1. 104 键标准键盘由主键盘区（61 键）、功能键区（16 键）、控制键区（10 键）、数字键区（17 键）、状态指示区（3 键）五个区域组成
		2. 主键盘区由数字键、符号键、特殊键及 26 个字母键组成
		3. 特殊键位的功能及使用技巧
	技能点	1. 正确的打字姿势要求：直腰、弓手、立指、弹键
		2. 实现盲打的动作要领
		3. 基准键位、26 个字母、数字小键盘的指法
		4. 符号键、上挡键位的指法
项目难点		1. 准确地记住键位，形成手指记忆，最终实现盲打
		2. 由于特殊组合键较多，准确地记住并熟练地进行操作是一个难点，需在实训中反复练习

📟 学习评估

评价项目	内　　容	掌握情况								
		教师评价			小组评价			自我评价		
		优	中	差	优	中	差	优	中	差
知识评价	104 键标准键盘的组成									
	正确的坐姿									
技能评价	盲打的动作要领									
	字母键位的练习									
	符号键位的练习									
	英文语句的练习									
素养评价	细心、耐心、高效的职业素养	（文字描述）			（文字描述）			（文字描述）		

1

项目2
输入法的设置及拼音输入法的应用

学习目标

◇ 知识目标

了解中文输入法的类型，掌握中文输入的基本知识。

◇ 技能目标

知道输入法的相关设置。

掌握至少一种拼音输入法。

达到每分钟录入 40 个汉字的水平。

◇ 素养目标

培养细心、耐心、高效的职业素养。

项目导读

鲁迅先生曾说过汉字有"三美"：音美以感耳，形美以感目，意美以感心。但是在 20 世纪 80 年代之前，汉字曾经被认为是不可能被输入计算机的语言，直到 1983 年，学者出身的王永民教授发明的五笔字型输入法让汉字的输入变得可行且高效，这让中国的业界为之振奋。在之后的几十年时间里，各种汉字输入法先后涌现，实现了"让所有中国人都能打字"的梦想。

本项目将分 4 个任务，按知识递进的关系，罗列生活中常用的汉字输入法，介绍汉字输入法的基本设置和输入法的切换。下面我们从最基本的拼音输入法入手，开始汉字输入的快乐之旅。

任务 2-1　认识汉字输入法

📖 任务描述

随着科技的不断发展，中文录入法越来越多，中文的录入变得更快捷、更简单。本任务将对中文输入的方式做一个汇总。

📖 问题引导

在当今计算机、手机普及的年代，我们使用过或听说了哪些中文输入法呢？

📖 知识学习

1. 了解什么是汉字的编码。
2. 掌握中文输入法的种类有哪些。
3. 了解语音输入、扫描录入等非键盘输入法。

📖 任务实施

1. 了解汉字的编码

汉字编码是指将汉字拆分为若干个独立单元的规则；汉字输入则是将拆分汉字得到的独立单元与键盘上的按键相结合，根据汉字编码进行组合来输入汉字的方法，如图 2-1-1 所示。

2. 掌握中文输入法的种类

根据汉字编码的不同，汉字输入法可以分为音码、形码和音形码三种类型。

2

喆 查字典

输入法编码					
五笔86版	五笔98版	郑码	太空码	母字码	谁的码
FKFK	FKFK	BJBJ	TOTO	WVZE	FKFK
码根码	表形码	双拼	仓颉	四角	全拼
VOVO	YOYO	VE	GRGR	44661	ZHE
GBK编码	unicode编码	大五码（Big 5）	区位码（GB2312）	utf8编码	10位unicode
86B4	5586			%E5%96%86	21894

图 2-1-1 "喆"字的编码

（1）音码：又称为拼音输入法，它的编码规则取决于汉字的拼音，如图 2-1-2 所示。

中 zhong　　鱼 yu

图 2-1-2　汉字的拼音

拼音输入法是中文输入法中发展最快的输入法，它让中文输入变得简单，实现了"让所有中国人都能打字"的梦想。其优点是只要掌握汉字的拼音即可输入汉字，是使用计算机键盘最快、最易学到的中文输入法，但由于汉字的同音字较多，拼音输入法重码率较高，经常需要在重码时选择要输入的汉字，因此大大降低了汉字输入的效率。另外，使用音码输入法时，一旦遇到不知道读音的汉字，则无法对汉字进行编码。

目前，在 Windows 系统下常用的拼音输入法有微软拼音输入法、智能 ABC 输入法、搜狗拼音输入法、QQ 拼音输入法、紫光拼音输入法等，如图 2-1-3 所示。

（2）形码：形码是根据笔画来输入汉字。

形码或以汉字的笔画为依据，或以汉字的偏旁部首为基础，如图 2-1-4 所示。这类编码与汉字读音无任何关系，有效地避免了按发音输入的缺陷。同时形码的重码率也相对较低，为实现汉字的盲打提供了可能，成为专业人员的首选汉字输入码。

微软拼音输入法　　　　智能ABC输入法　　　搜狗拼音输入法

QQ拼音输入法

图 2-1-3　常用的拼音输入法

图 2-1-4　汉字的字形

("简"字由①竹字头、②门、③日三部分构成)

目前用到的形码输入法是五笔输入法，常用的有王码五笔输入法、极品五笔输入法、陈桥五笔输入法、QQ 五笔等。

（3）音形码：音形码吸取了音码和形码的优点，将二者混合使用。常见的音形码有"自然码"和"郑码"等。其中，"自然码"是目前比较常用的一种混合码，这种输入法以音码为主，以形码作为可选辅助编码，能有效解决不认识的汉字的输入问题。

这类输入法的特点是输入速度较快，又不需要专门培训，适合对打字速度有些要求的非专业打字人员使用，例如记者、作家等。但相对于音码和形码，音形码使用的人还比较少。

📖 知识拓展

以上所介绍的输入法都是通过键盘录入的，称为键盘输入法。键盘输入的历史稍长，操作对象为计算机键盘、手机键盘等，要求掌握键盘的基本指法和中文输入法。随着科技的发展，尤其是手机的发展，非键盘输入法越来越受到人们的青睐，包括手写输入、语音输入、扫描输入等方法，如图 2-1-5、图 2-1-6、图 2-1-7 所示。非键盘输入不需要经过专门的培训，更接近于常人之间的语言和文字交流，且速度更快。

2

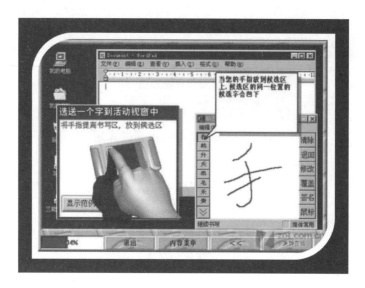

图 2-1-5　手写输入

图 2-1-6　语音输入

图 2-1-7　扫描输入

任务 2-2　中文输入法的设置

📖 **任务描述**

　　进行汉字的录入，必须有合适的输入法，本任务将介绍在 Windows 10 环境下，如何添加、删除、设置输入法。

📖 **问题引导**

　　查看计算机中有哪些输入法？如何设置？

📖 **知识学习**

　　1. 安装中文输入法。

　　2. 添加输入法。

　　3. 默认输入法的设置。

　　4. 删除输入法。

📖 **任务实施**

　　1. 安装中文输入法

　　一般情况下，Windows 系统自带了一些中文输入法，如智能 ABC、微软拼音、王码五笔等。也可以安装其他的中文输入法，以满足用户的需求。下面以极品五笔输入法为例，介绍输入法的安装方法，见表 2-2-1。

表 2-2-1　输入法的安装

步　　骤	图　　示
STEP 01　双击安装文件图标，如图 2-2-1 所示。	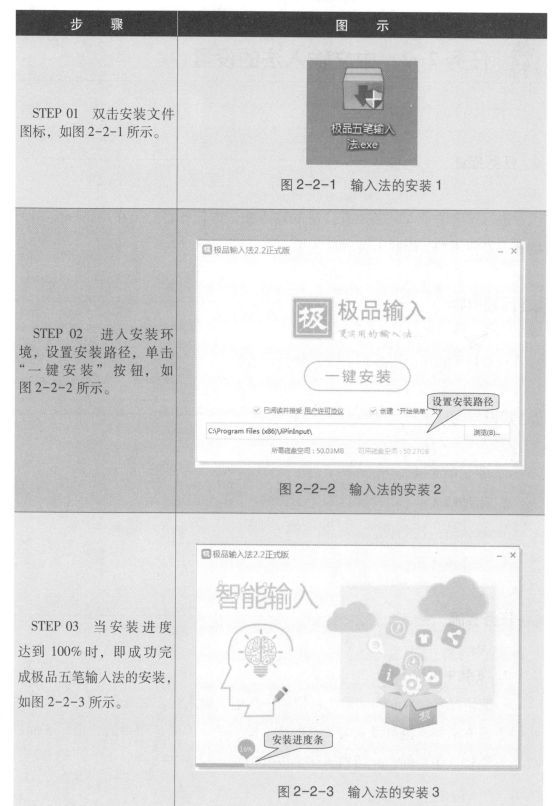 图 2-2-1　输入法的安装 1
STEP 02　进入安装环境，设置安装路径，单击"一键安装"按钮，如图 2-2-2 所示。	图 2-2-2　输入法的安装 2
STEP 03　当安装进度达到 100% 时，即成功完成极品五笔输入法的安装，如图 2-2-3 所示。	图 2-2-3　输入法的安装 3

续表

步　骤	图　示
STEP 04　极品五笔输入法的设置：在安装完成窗口中勾选"运行设置向导"复选框，单击"立即体验"按钮，如图2-2-4所示。	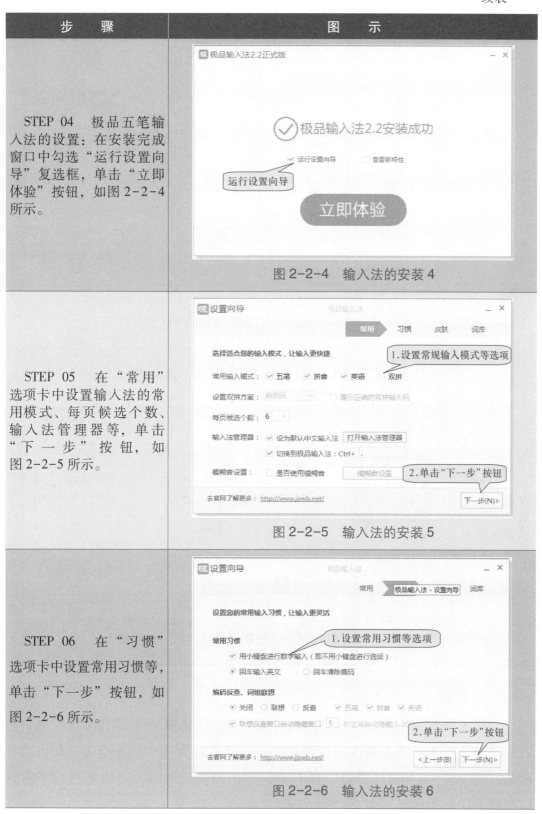图2-2-4　输入法的安装4
STEP 05　在"常用"选项卡中设置输入法的常用模式、每页候选个数、输入法管理器等，单击"下一步"按钮，如图2-2-5所示。	图2-2-5　输入法的安装5
STEP 06　在"习惯"选项卡中设置常用习惯等，单击"下一步"按钮，如图2-2-6所示。	图2-2-6　输入法的安装6

2

续表

步　　骤	图　　示
STEP 07　在"皮肤"选项卡中设置皮肤样式等，单击"下一步"按钮，如图2-2-7所示。	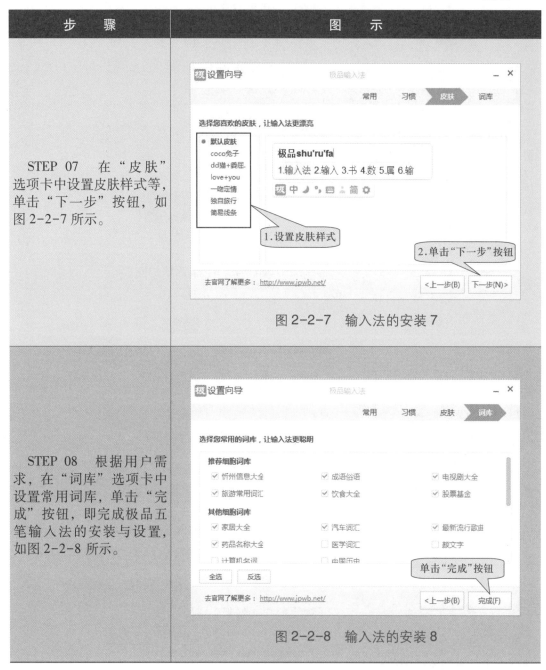 图 2-2-7　输入法的安装 7
STEP 08　根据用户需求，在"词库"选项卡中设置常用词库，单击"完成"按钮，即完成极品五笔输入法的安装与设置，如图2-2-8所示。	图 2-2-8　输入法的安装 8

2. 添加输入法

如果是新安装的输入法，则安装完成后，该输入法一般都会出现在语言栏的常用输入法中，不需要再进行添加操作（除非计算机中的安全防护软件会拦截输入法安装）。如果计算机中没有安装常用的输入法时，可以通过以下方法完成输入法的添加，如表 2-2-2 所示。

表 2-2-2 　添加输入法

步　骤	图　示
STEP 01 　单击任务栏右下角图标，如图 2-2-9 所示。	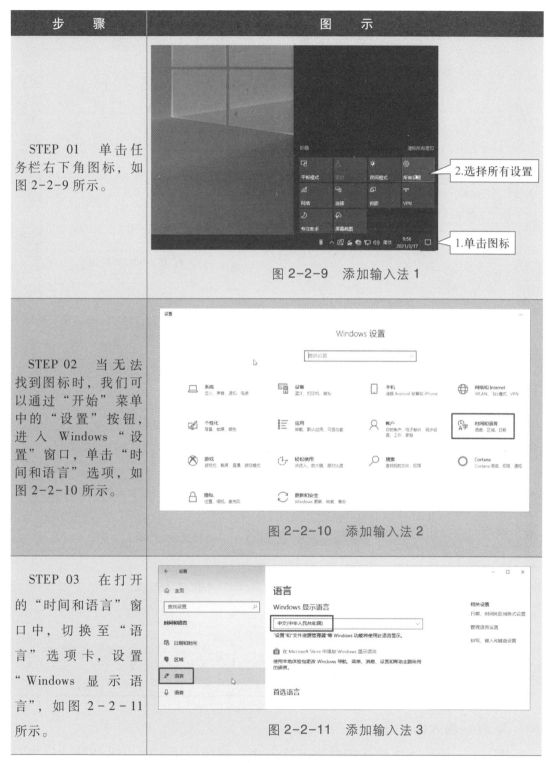 图 2-2-9 　添加输入法 1
STEP 02 　当无法找到图标时，我们可以通过"开始"菜单中的"设置"按钮，进入 Windows "设置"窗口，单击"时间和语言"选项，如图 2-2-10 所示。	图 2-2-10 　添加输入法 2
STEP 03 　在打开的"时间和语言"窗口中，切换至"语言"选项卡，设置"Windows 显示语言"，如图 2-2-11 所示。	图 2-2-11 　添加输入法 3

续表

步 骤	图 示
STEP 04 在"首选语言"栏中单击"选项"按钮,如图2-2-12所示。	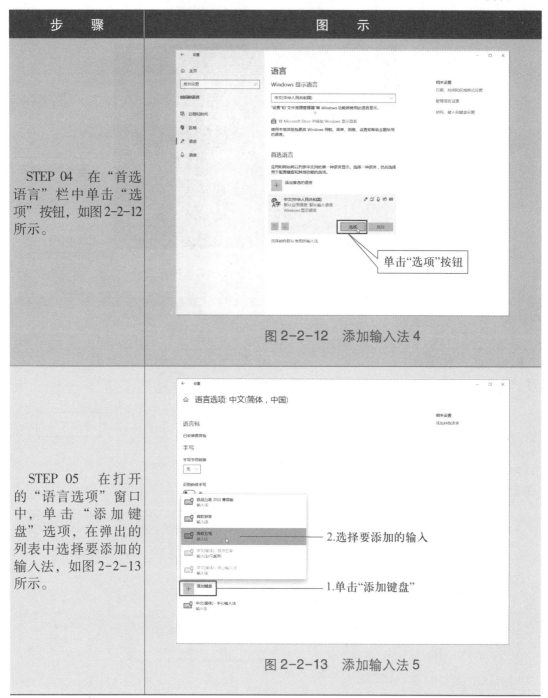 图2-2-12 添加输入法4
STEP 05 在打开的"语言选项"窗口中,单击"添加键盘"选项,在弹出的列表中选择要添加的输入法,如图2-2-13所示。	图2-2-13 添加输入法5

3. 默认输入法设置

Windows 操作系统默认微软拼音输入法,而微软拼音输入法的默认设置是英文,对于大多数普通上网用户,使用起来不太方便,如果需要更改默认输入方法,可使用表 2-2-3 中介绍的设置方法。

表 2-2-3　默认输入法的设置

步　骤	图　示
STEP 01　同表 2-2-2 中的 "STEP 03"，打开 "语言" 对话框，选择下方的 "选择始终默认使用的输入法" 选项，如图 2-2-14 所示。	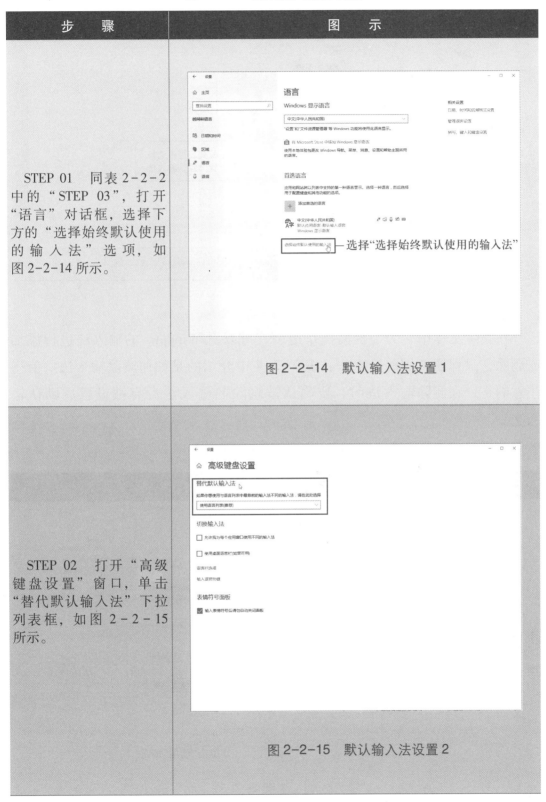 图 2-2-14　默认输入法设置 1
STEP 02　打开 "高级键盘设置" 窗口，单击 "替代默认输入法" 下拉列表框，如图 2-2-15 所示。	图 2-2-15　默认输入法设置 2

续表

步　骤	图　示
STEP 03　在下拉列表框中选择要设置为默认输入法的输入法，如图 2-2-16 所示。	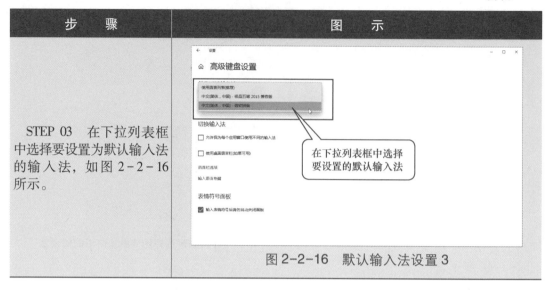 图 2-2-16　默认输入法设置 3

4. 删除输入法

在实际工作中，为了提高操作速度，可以对 Windows 的输入法进行添加或删除，只保留常用的输入法，表 2-2-4 中介绍的是如何删除输入法。值得注意的是，在删除输入法时，要确认被删除的输入法没有被设置成默认输入法。

表 2-2-4　输入法的删除

步　骤	图　示
STEP 01　同表 2-2-1 中的"STEP 04"，打开"语言"窗口，单击"选项"按钮，如图 2-2-17 所示。	图 2-2-17　删除输入法 1

续表

步　骤	图　示
STEP 02　在"语言选项"窗口中,选择列表内要删除的输入法,单击"删除"按钮,如图 2-2-18 所示。	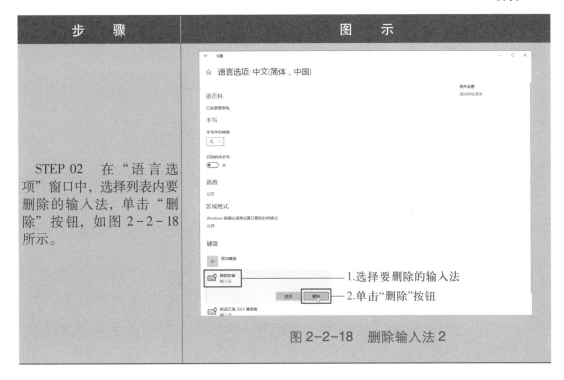 图 2-2-18　删除输入法 2

 # 任务 2-3　输入法的切换

任务描述

　　输入法的切换是文字录入的开始,而快速、高效的切换方式能让我们达到事半功倍的效果。本任务将介绍输入法切换的方法并分析输入法状态栏的操作。

问题引导

　　输入法设置好以后,如何正确使用输入法以便在文字录入过程中高效地实现输入法间的切换?

2

📖 **知识学习**

1. 输入法切换的方法。
2. 输入法状态栏的操作。

📖 **任务实施**

1. 输入法的切换

选择中文输入法可以有以下两种方法：

• 方法 1：使用鼠标进行输入法间的切换。

在任务栏中单击"输入法"按钮，选择"CH 中文（简体，中国）"（图 2-3-1），单击输入法列表按钮，显示输入法列表（图 2-3-2），在列表中选择合适的中文输入法。

图 2-3-1　输入法按钮　　　　图 2-3-2　中文输入法列表

• 方法 2：使用键盘进行输入法间的切换。

在 Windows 10 操作系统下，一般切换输入法会用以下的方法，较鼠标切换更为快捷。

✌ Win+空格键：按下之后，屏幕右侧会显示现有的输入法选项，按住 Win 键不动，按空格键选择输入法。

✌ Ctrl+Shift 键：按顺序依次切换输入法。

✌ Ctrl+空格键：切换到使用的输入法。

✌ Alt+Shift 键：语种间的切换。

2. 输入法热键的设置

打开"高级键盘设置"窗口，选择输入语言热键，打开"文本服务和输入语言"对话框，在列表中选择相应的输入法，单击"更改按键顺序"按钮，设置输入法的热键，如图 2-3-3 所示。

图 2-3-3 输入法热键的设置

3. 输入法状态栏

大部分的汉字输入法的状态栏上都有多个功能按钮，这里以"搜狗拼音输入法"软件为例，其输入法状态栏如图 2-3-4 所示，从左向右依次为中/英文输入切换、中/英文标点切换、表情符号输入、语音切换和输入方式切换。

图 2-3-4 输入法状态栏

（1）中/英文输入切换

图标上显示一个"中"字的按钮是"中/英文切换"按钮，单击它，图标变成了"英"字，这时就是英文输入状态，输入的就是英文字母，再单击这个按钮，又切换到中文输入状态，可以继续输入汉字。

注意：

在计算机屏幕上，一个汉字占据两个英文字符的位置，人们把一个英文字符所占的位置称为"半角"，相对地把一个汉字所占的位置称为"全角"。在输入汉字时，系统提供"半角"和"全角"两种不同的输入状态，但是对于英文字母、符号和数字，这些通用字符，在半角状态它们都被作为英文字符来处理；而在全角状态，它们又可作为中文字符处理。全角、半角可以使用 Shift+空格键来切换。

（2）中/英文标点切换

单击"中/英文标点"按钮，可以在中文标点和英文标点间进行切换，当按钮是 时，当前为英文标点输入状态，当按钮是 时，当前为中文标点输入状态。

在中文标点输入状态下：

- 按"\"键，可以输入顿号"、"。
- 按","键，可以输入逗号"，"。
- 按"Shift+>"键，可以输入右书名号"》"。
- 按"."键，可以输入句号"。"。
- 按"Shift+<"键，可以输入左书名号"《"。
- 连按"Shift+^"键，可以输入省略号"……"。

除了单击"中/英文标点"按钮进行中英文标点切换以外，也可以使用 Ctrl+空格键进行切换。

（3）输入方式切换

单击"输入方式"按钮，选择"软键盘"，可打开"搜狗软键盘"界面。软键盘是在显示器上显示的一个模拟键盘，用鼠标进行操作，其作用相当于键盘。当键盘操作不方便或键盘上某一个键操作失灵时，可以考虑使用软键盘。另外，使用软键盘比较安全，大家都知道现在的键盘监视器可以非常轻松地监视键盘的每一个按键，从而轻松得到你的密码或重要的个人信息，而用软键盘别人是无法获取的，所以现在一些如 QQ、支付宝、淘宝等客户端都会要求使用软键盘来输入用户名或密码，以增强安全性。

在 Windows 中打开/关闭软键盘有以下方法：

• 方法 1：在计算机桌面，单击"开始"→"系统工具"→"命令提示符"。或者直接按下快捷键 Win+R，打开"运行"对话框，输入"osk"，然后单击"确定"按钮，即打开 Windows 自带的软键盘；单击软键盘右上方的关闭按钮即可退出软键盘。

• 方法 2：选择"开始"→"Windows 轻松使用"→"屏幕键盘"，即可打开系统自带的软键盘；单击软键盘右上方的"关闭"按钮即可退出软键盘。

• 方法 3：单击输入法状态栏中的"输入方式"按钮⌨，选择"软键盘"；单击软键盘右上方的关闭按钮即可关闭软键盘。

右键单击输入法状态栏的"输入方式"按钮⌨，系统提示如图 2-3-5 所示的软键盘的 13 种形式，可根据需要选取使用。例如，选择"标点符号"，则表示目前软键盘为标点符号键盘，如图 2-3-6 所示。

图 2-3-5　软键盘的 13 种形式

软键盘上每个键盘位上显示的红色符号对应计算机键盘上的各个键，黑色符号表示鼠标单击该键或按键盘上该键可以输入的符号。如单击［z］或按键盘上的 Z 键，都可以输入符号［〖］。

图 2-3-6　标点符号软键盘

有的软键盘键位上有多个字符，如图 2-3-7 所示，这是希腊字母软键盘。

图 2-3-7　希腊字母软键盘

用鼠标单击软键盘上的 r 键，就可以输入希腊字母［δ］（此时按键盘上的 R 键，同样也可以输入希腊字母［δ］）。如果想输入符号［Δ］，可以先用鼠标单击软键盘上的［Shift］键，然后再用鼠标单击软键盘上的［r］键，就可以输入符号［Δ］（此时按下键盘上的 Shift 键不放，同时按下键盘上的 R 键，一样也可以输入符号［Δ］）。

📖 **同步练习：你能输入以下符号吗？**

Ab c d E Fg h i 〈〉 ＜＞ " "！＆￥ $

（提示：注意中/英文的切换及中英文标点的切换）

…… ＆ ￥ δ Ω ＋ ㈤ ① 乇 щ № ※

（提示：运用软键盘输入。）

任务 2-4　搜狗拼音输入法

📖 任务描述

拼音输入法是以我国标准汉语拼音为基础的汉字输入方法，这种编码方案简单易学，拥有广泛的用户，但重码较多，不易提高输入速度。常见的拼音输入法有全拼输入法、智能 ABC 输入法、微软拼音输入法和搜狗拼音输入法等。本任务将以搜狗拼音输入法为例，介绍拼音输入法的操作和应用。

📖 问题引导

搜狗拼音输入法有哪些特色以及使用技巧？

📖 知识学习

1. 掌握搜狗拼音输入法的使用方法。
2. 掌握搜狗拼音输入法的设置方法。

📖 任务实施

1. 搜狗拼音输入法的主要特色

搜狗拼音输入法又称为搜狗输入法，是一款拼音输入法软件，其界面简洁，操作简单，词库丰富，具有拼音纠错功能，是目前应用较广泛的输入法之一。

（1）网络新词

搜狐公司将此作为搜狗拼音最大的优势之一。鉴于搜狐公司同时开发搜索引擎的优势，在软件开发过程中分析了 40 亿网页，将字、词组按照使用频率重新排列。在官方首页上还有搜狐制作的同类产品首选字准确率对比。

（2）快速更新

不同于许多输入法依靠升级来更新词库，搜狗拼音输入法采用不定时在线更新的办法，这大大减少了用户自己造词的时间。

（3）笔画输入

输入时，以"u"做引导，可以以"h"（横）、"s"（竖）、"p"（撇）、"n"（捺）、"t"（提）等笔画结构输入字符。例如，要输入"灬"，则应输入"ud-ddd"。值得注意的是，竖心的笔顺是点点竖（dds），而不是竖点点。

（4）输入统计

搜狗拼音输入法提供用户每分钟输入字数的统计，方便用户了解自己的打字速度。但每次更新后都会清零。

（5）个性输入

用户可以到搜狐官方网站根据自己的喜好下载各种精彩好看的输入界面，除此之外，还可以设置每天自动更换一款皮肤。

2. 搜狗拼音输入法的切换

（1）输入法切换

搜狗拼音输入法标准状态栏如图 2-4-1 所示。

图 2-4-1　输入法标准状态栏

状态栏上的图标分别代表"自定义状态栏""中/英文""中/英文标点""表情""语音""输入方式""皮肤盒子"和"工具箱"。

在文字输入状态下，按 Ctrl+Shift 键可以切换输入法，直至出现搜狗拼音输入法即可。当系统仅有一种输入法或者搜狗拼音输入法为默认输入法时，按 Ctrl+空格键即可切换出搜狗拼音输入法。

由于大多数人只用一种输入法，为了方便、高效起见，用户可以删除不常用的输入法，只保留一个自己最常用的输入法（这里的删除并不是卸载，以后还可以通过"添加"选项增加）。

（2）中英文切换

默认情况下，按一下 Shift 键就切换为英文输入状态，再按一下 Shift 键就会返回中文输入状态。用鼠标单击状态栏上的"中"字图标也可以进行切换。

除了使用 Shift 键进行切换以外，搜狗拼音输入法还支持回车键输入英文。在输入较短的英文时使用该方法，可以省去切换到英文状态的麻烦。

3. 输入单字或词组

搜狗拼音输入法的输入窗口如图 2-4-2 所示。

图 2-4-2　输入窗口

搜狗拼音输入法的输入窗口很简洁，上面的一排是所输入的拼音，下一排是候选字词，按候选字词对应的数字键，即可输入该字或词组。第一个词默认为红色，直接按空格键即可输入第一个字或词组。

搜狗拼音输入法支持全拼、简拼、双拼等输入方式，可在属性设置中修改输入习惯。

4. 翻页选字

搜狗拼音输入法默认的翻页键是逗号（，）、句号（。），即输入拼音后，按句号（。）向下翻页选字，相当于 Page Down 键，找到所选的字后，按其相对应的数字键即可输入。向用户推荐使用这两个翻页键，因为用"逗号""句号"时手不用离开键盘主操作区，效果高，也不容易出错。

默认的翻页键还有减号（-）、等号（=）、左右方括号（[ ]），可以在输入法状态栏上单击鼠标右键，选择"属性设置"→"高级"→"候选翻页"选项来进行设定。

5. 简拼

搜狗拼音输入法支持声母简拼和声母的首字母简拼。例如：想输入"张无忌"，你只要输入"zhwj"或者"zwj"都可以得到"张无忌"。同时，搜狗拼音输入法支持简拼、全拼的混合输入，例如，输入"srf""sruf"或"shrfa"都可以得到"输入法"。

注意：

这里的声母的首字母简拼的作用和模糊音中的"z，s，c"相同。但是，这属于两回事，即使没有选择设置中的模糊音，同样可以用"zwj"输入"张无忌"。有效地使用声母的首字母简拼可以提高输入效率，减少误打。例如，输入"指示精神"这几个字，如果输入传统的声母简拼"zhshjsh"需要输入的字母很多，而且输入多个 h 也容易造成误打，而输入声母的首字母简拼，"zsjs"就能很快得到想要的词。

6. 修改候选词的个数

在输入法状态栏右键菜单里，选择"属性设置"→"外观"→"候选项数"可以修改候选词的个数，选择范围是 3~9 个，如图 2-4-3 所示。

图 2-4-3　候选词个数

搜狗拼音输入法默认显示 5 个候选词，且其首词命中率和传统的输入法相比已经大大提高，第一页的 5 个候选词能够满足绝大多数情况下的输入。推荐选用默认的 5 个候选词。如果候选词太多则会造成查找时的困难，反而导致输入效率下降。

7. 修改输入法外观

目前，搜狗输入法支持的外观修改包括皮肤、显示样式以及候选字体颜色、大小等。用户可以通过在状态栏的右击菜单里选择"属性设置"→"外观"→"皮肤设置"来修改输入法外观，如图 2-4-4 所示。

图 2-4-4　修改输入法的外观

8. 网址输入

搜狗拼音输入法特别为网络设计了多种方便的网址输入模式，让用户能够在中文输入状态下快速输入网址。

输入以"www."、"http:"、"ftp:"、"telnet:"、"mailto:"等开头的字符时，自动识别进入英文输入状态，后面可以输入例如 www.hep.com 或 ftp://hep.com 类型的网址，如图 2-4-5 所示。

www.hep.com   http://www.hep.com

图 2-4-5 输入网址

输入非 www. 开头的网址时，可以直接输入，例如 abc. abc（但是不能输入 abc123. abc 类型的网址，因为句号还会被当作默认的翻页键。），如图 2-4-6 所示。

abc.abc   hep.com/index.htm

图 2-4-6 输入非 www. 开头的网址

输入邮箱时，可以输入前缀不含数字的邮箱，例如 leilei@ hep. com，如图 2-4-7 所示。

leilei@hep.com

图 2-4-7 输入邮箱

9. 自定义短语

自定义短语是通过特定的字符串来输入自定义的文本，可以通过输入框拼音串上的"添加短语"，或者候选项中短语项的"编辑短语"来进行短语的添加、编辑和删除，如图 2-4-8 所示。

图 2-4-8 自定义短语

设置自己常用的自定义短语可以提高输入效率，例如使用 yx, 1 = wangshi@ hep. com，只需要输入 yx，然后按空格键就可以输入 wangshi@ hep. com。使用 sfz, 1 = 130123456789，只需要输入 sfz，然后按空格键就可以输入 130123456789。

自定义短语的功能在"属性设置"的"高级"选项卡中默认为开启。单击"自定义短语设置"即可，其界面如图 2-4-9 所示。

在选项框中可以添加、删除或修改自定义短语，经过改进后的自定义短语功能支持多行、空格以及指定位置的定义。

图 2-4-9　自定义短语设置

10. 首字固定

搜狗拼音输入法可以帮助用户实现把某一拼音下的某一候选字固定在第一位，即固定首字功能。输入拼音，找到要固定在首位的候选项，将鼠标悬浮在候选字词上后，固定首位的菜单选项即会出现，如图 2-4-10 所示。

图 2-4-10　设置固定首字

11. 人名输入

搜狗输入法提供了识别人名的功能，人名智能组词给出其中一个人名，此时，输入框出现"工具箱（分号）"的提示，如果提供的人名选项不是想要的，就可以按下分号（;）进入工具箱，单击"人名（R）"选项，选择想要的人名，如图 2-4-11 所示。

搜狗拼音输入法的人名智能组词模式，并非只搜集整个中国的人名库，而是通过智能分析计算出合适的人名得出结果，可组出的人名非常多。

12. 关键字搜索

搜狗拼音输入法在输入栏上提供了搜索功能，候选项悬浮菜单上也提供了搜索选项，如图 2-4-12 所示。输入搜索关键字后，按"←"或"→"键选择想要搜索的词条，单击搜索功能，即可获得搜索结果。

图 2-4-11　人名智能组词模式　　　　图 2-4-12　搜索功能

13. 生僻字输入

搜狗拼音输入法提供了"生僻字输入"的功能，例如，用户要输入"靐""嫑""犇"这样一些生僻字的时候，这些字看似简单但是又很复杂，知道文字的组成结构，却不知道文字的读音，只能通过笔画输入，可是笔画输入又较为繁琐，因此搜狗输入法提供了便捷的拆分输入，化繁为简，通过直接输入生僻字的组成部分的拼音即可轻松地完成生僻字的输入，如图 2-4-13 所示。

图 2-4-13　生僻字输入

14. 表情及特殊符号输入

搜狗拼音输入法提供了"表情及特殊符号输入"的功能，例如，输入"O(∩_∩)O"，搜狗拼音输入法提供了丰富的表情和特殊符号库，可以在候选菜单上进行选择自己喜欢的表情、符号，如图 2-4-14 所示。

图 2-4-14　输入表情及特殊符号

15. 转换繁体

在搜狗拼音输入法状态栏上右键单击，选择"简繁切换"命令，选择繁体即可进入到繁体中文状态。

16. V模式

V模式是一个转换和计算的功能组合。V模式具有以下功能。

（1）数字转换

输入"v+数字"，如"v34.56"，搜狗拼音输入法将把这些数字转换成中文大小写数字，如图2-4-15所示。

输入99以内的整数数字，还可得到对应的罗马数字。例如输入"v12"，可得到"XII"，如图2-4-16所示。

图2-4-15　转换成中文大小写数字　　　　图2-4-16　转换为罗马数字

（2）日期转换

输入"v+日期"，如"v2021.1.1"，搜狗拼音输入法将把数字日期转换为日期格式，如图2-4-17所示。

图2-4-17　转换为日期格式

当然，也可以进行日期拼音的快捷输入，如图2-4-18所示。

（3）算式计算

输入"v+算式"，将得到对应的算式结果以及算式整体候选，如图2-4-19所示。

图 2-4-18　日期快捷输入　　　图 2-4-19　算式计算

（4）函数计算

除了加、减、乘、除运算之外，搜狗拼音输入法还能进行一些比较复杂的运算，如乘方等，如图 2-4-20 所示。

图 2-4-20　函数计算

（5）特殊符号快捷入口 v1~v9

只需输入 v1~v9 就可以像打字一样翻页选择想要的特殊字符了。v1~v9 代表的特殊符号快捷入口参见表 2-4-1。

表 2-4-1　特殊符号表

符　　号	功　　能	符　　号	功　　能
v1	标点符号	v6	希腊/拉丁文
v2	数字序号	v7	俄文字母
v3	数学单位	v8	拼音/注音
v4	日文平假名	v9	制表符
v5	日文片假名		

17. 插入当前日期时间

"插入当前日期时间"功能可以方便地输入当前的系统日期、时间、星期等，用户还可以通过插入函数插入自己构造的动态时间，例如，可以在回信的模版中使用。此功能是输入法内置的时间函数通过"自定义短语"功能来实现的。由于输入法的自定义短语默认不会覆盖用户已有的配置文件，所以用户要想使用下面的功能，需要恢复"自定义词语"中的默认配置（如果输入了rq 而没有输出系统日期，请单击"属性设置"→"高级"→"自定义短语设置"，单击"恢复默认设置"按钮即可）。注意：恢复默认设置后将丢失自己已有的设置，请手动编辑自行保存。输入法内置的插入项有：

（1）输入"rq"（日期的首字母），输出系统日期"2021 年 2 月 22 日"。

（2）输入"sj"（时间的首字母），输出系统时间为"2021 年 2 月 22 日12：19：04"。

（3）输入"xq"（星期的首字母），输出系统星期为"2021 年 2 月 22 日星期一"。

18. 拆字辅助码

拆字辅助码可以快速地定位到一个单字，使用方法如下：

要输入汉字"娴"，但是非常靠后，不方便查找，那么输入"xian"，然后按下"Tab"键，再输入"娴"的两部分"女""闲"的首字母"nx"，就只剩下"娴"字了。输入的顺序为"xian+Tab 键+nx"，如图 2-4-21 所示。

图 2-4-21　拆字辅助码

⌨ 项目实训

📖 实训目标

使用熟悉的拼音输入法录入文章，培养手、眼、脑的协调能力，提高输入速度。

📖 实训内容

请对照以下内容，使用拼音输入法录入文章，并填写实训评价表。

📖 **实训环境** ────────────────────→

　　在"金山打字通 2016"中，选择拼音打字，在文章练习中设置课程为《金色花》，对照着录入文章，并记录时间、速度和正确率。

📖 **实训评价表** ────────────────────→

用时	速度	正确率	易错汉字	备注

金 色 花

　　假如我变成了一朵金色花，为了好玩儿，长在树的高枝上，笑嘻嘻地在空中摇摆，又在新叶上跳舞，"妈妈，你会认识我吗？"

　　你要是叫道："孩子，你在哪里呀？"我暗暗地在那里匿笑，却一声儿不响。

　　我要悄悄地开放花瓣儿，看着你工作。

　　当你沐浴后，湿发披在两肩，穿过金色花的林荫，走到做祷告的小庭院时，你会嗅到这花香，却不知道这香气是从我身上来的。

　　当你吃过午饭，坐在窗前读《罗摩衍那》，那棵树的阴影落在你的头发与膝上时，我便要将我小小的影子投在你的书页上，正投在你所读的地方。

　　但是你会猜得出这就是你孩子的小小影子吗？

　　当你黄昏时拿了灯到牛棚里去，我便要突然地再落到地上来，又成了你的孩子，求你讲故事给我听。

　　"你到哪里去了，你这坏孩子？"

　　"我不告诉你，妈妈。"这就是你同我那时所要说的话了。

2

项目总结

项目重点	1. 常用的键盘输入法
	2. 汉字输入法的设置
	3. 输入法的切换方式
	4. 常用拼音输入法的应用
项目难点	1. 输入法的添加、删除及切换方法
	2. 应用拼音输入实现每分钟录入 40 个汉字

学习评估

评价项目	内容	掌握情况								
		教师评价			小组评价			自我评价		
		优	中	差	优	中	差	优	中	差
知识评价	汉字输入法的种类									
	汉字输入法的基本知识									
技能评价	输入法的设置									
	输入法的切换									
	拼音输入法的运用									
	输入速度									
素养评价	细心、耐心、绩效的职业素养	（文字描述）			（文字描述）			（文字描述）		

项目3
五笔字型输入法的快乐之旅

学习目标

◇ 知识目标

认识王码五笔86版字根表，认识五笔字型输入法，掌握五笔字型汉字录入编码方案。

◇ 技能目标

熟练掌握使用五笔字型输入法盲打汉字的方法。

熟练掌握文字录入的技巧，能完成文字录入工作。

达到每分钟录入45个汉字的录入水平。

◇ 素养目标

培养勤于思考、善于动手、精益求精、勇于创新的精神；提高各专门化方向的职业能力，并具有良好的人际交往能力。

项目导读

五笔字型输入法是王永民教授在1983年发明的一种汉字输入法，它是按照汉字的字形（笔画、部首与结构）进行编码的，其最大特点是重码少、输入速度快，因而备受欢迎。使用五笔字型输入法进行文字录入时，以双手10个手指击键，经过标准指法训练，每分钟可以轻松录入100个汉字。1992年举办的"全国五笔字型大奖赛"，冠军的输入速度是生稿（错1罚5）每分钟243个字。

五笔字型输入法在发展过程中形成了最常用的两种编码方案，即王码五笔86版和98版。86版五笔字型输入法使用130个字根，可处理GB 2312汉字集中的 6 763 个汉字。由于习惯问题，它至今仍然是拥有用户群最大的编码方案。现在许多五笔输入法的基础都是王码五笔字型输入法 86 版，因此本项目所介绍的五笔字型输入法以王码五笔 86 版为范例。

本项目将分为 5 个任务，按知识递进的关系，认识五笔字型输入法，掌握汉字的拆分与输入方法，五笔字型输入法的简码输入，词组的输入，文档的录入技巧，开启五笔字型输入法的快乐之旅。

任务 3-1　认识五笔字型输入法

📖 任务描述

五笔字型输入法的最大特点是重码少、输入速度快，基本上打字高手都使用五笔字型输入法。你想成为打字高手吗？那么我们就来全面学习五笔字型输入法。

📖 问题引导

用拼音输入法打字时，用户是按汉字的音码进行输入的；用五笔字型输入法打字时，依据什么原理呢？

📖 知识学习

1. 汉字的层次与字形。
2. 五笔字根简介。

📖 任务实施

五笔字型输入法是一种完全依照汉字的字形，不记读音，不受方言和地域

限制，只用标准英文键盘 25 个字母键，以字词兼容的方式，高效输入汉字的
方法。

1. 汉字的层次与字形

五笔字型输入法是一种根据汉字的结构进行编码输入的方法，因此，要学
习该输入法，必须首先了解汉字的结构。

（1）汉字的三个层次

汉字有三个层次，在书写汉字时，不间断地一次写成的一个连贯线条称为
笔画；由若干笔画交叉连接而成的相对不变的结构称为字根；将字根按一定的
位置关系拼合起来，就构成了单字。由此可见，汉字可以划分为笔画、字根、
单字三个层次。由笔画组合产生字根，由字根拼合构成汉字，这种构成可以表
示成：基本笔画→字根→汉字。

（2）汉字的五种笔画

笔画是一次写成的一个连续不断的线段，是构成汉字的最小单位。

如果按其长短、曲直和笔势走向来分，笔画可以分为十几种。为了易于被
人们接受和掌握，五笔字型编码依照笔画的运行方向，将笔画分为横、竖、
撇、捺、折五种，并根据使用频率的高低，依次用 1、2、3、4、5 编码。
表 3-1-1 列出了汉字基本笔画的编码、名称、笔画走向及变体。

表 3-1-1　汉字的五种笔画

编码	名称	笔画走向	笔画及其变体	说　　明
1	横	左→右	一（横）㇀（提）	提笔均视为横，笔画方向从左到右，如"卖、未、大、十"各字首笔，"现、场、特、扛、冲"各字左部末笔
2	竖	上→下	丨（竖）亅（左竖钩）	左竖钩被视为竖，笔画方向为从上到下，如"于、了、才、利"中的"亅"
3	撇	右上→左下	丿（撇）及变形体	笔画方向从右上到左下，如"川"字最左边的"丿"，"人"字左侧的"丿"，"毛"字最上方的"ノ"
4	捺	左上→右下	、（点）㇏（捺）	点均视为捺（包括宀中的点），笔画方向从左上到右下，如"学、家、寸、心、冗"各字中的点，"木、人"字中的"㇏"

3

续表

编码	名称	笔画走向	笔画及其变体	说　明
5	折	带转折	各种带转折的笔画，如乙 ㇄ ㇋ ㇉ ㇗ ㇖ ㇈ ㇆	一切带转折的笔画都归为折，且右竖钩为折，左竖钩除外，如“飞”中的“㇈”，“与”字中的“㇉”，“以、饭”字中的“㇄”，“乃”字中的“㇋”

（3）汉字的字根

我们常说“木子——李”“日月——明”“立早——章”“双木——林”等，可见，一个汉字可以由几个基本的部分拼合而成，如“明”由“日”“月”左右拼合而成。在五笔字型中，将由笔画交叉连接而形成的相对不变的结构称为字根。字根是有形有意的，是构成汉字最重要、最基本的单位，是汉字的灵魂。

汉字有很多字根，并不是所有的字根都可作为五笔字型的基本字根，五笔字型输入法根据其输入方案的需要，精选出 125 种常见的字根，加笔画字根 5 种，共 130 种。把它们分布在计算机的键盘上，作为输入汉字的基本单位。

在五笔字型方案中，字根的选取标准主要基于以下几点：

① 首先选择那些组字能力强、使用频率高的偏旁部首，例如“王、土、大、木、工、目、日、口、田、山、纟、禾、亻”等。

② 组字能力不强但组成的字在日常汉语文字中出现次数很多，例如“白、勹”组成的“的”字可以说是全部汉字中使用频率最高的，因此，“白”作为基本字根。

③ 绝大多数基本字根都是查字典时的偏旁部首，例如“人、口、手、金、木、水、火、土”等。相反，相当一些偏旁部首因为不太常用，或可以拆成几个字根，便不作为基本字根，例如“比、风、气、足、老、业、斗、酉、骨、殳、欠、麦”等。

④ 五笔字型的基本字根是 125 种。有时候，一种字根之中还包含几个“小兄弟”，它们主要是：

- 字源相同的字根：心、忄，水、氺、⺢、氵等。
- 形态相同的字根：艹、廾、廿，巳、己、已等。
- 便于联想的字根：耳、卩、阝等。

（4）汉字的三种字型

同样的几个字根，同样的顺序，摆放的位置不同，就组成了不同的汉字。例如：

叭——只　本——末　呐——呙　吧——邑　岂——屺

由此可见，字根的位置关系，也是汉字的一种重要特征信息。这个"字型"信息，在以后的五笔字型编码中很有用处。

根据构成汉字的各个字根之间的相对位置关系，可以把成千上万的方块汉字分为三种类型：左右型、上下型、杂合型。三种字型的划分是基于对汉字整体轮廓的认识，指的是整个汉字中字根之间的相互位置关系。弄清这一点，对于使用五笔字型输入法时，确定汉字的末笔字型识别码是十分重要的。在五笔字型输入法中，按照各种类型汉字的多少，将左右型编为 1 型，上下型编为 2 型，杂合型编为 3 型，参见表 3-1-2。

表 3-1-2　汉字的三种字型

字型代号	字型	图　示	字　例	说　明
1	左右	⊞ ⦀ ⊞ ⊞	汉 湘 结 桂	字根之间有间距，总体左右排列
2	上下	⊟ ☰ ⊞ ⊟	字 室 花 章	字根之间有间距，总体上下排列
3	杂合	◎ ⌷ ⌐ ⊐ ⧄ ⊠	本 重 天 且 困 凶 年 果	各字根之间存在着相交、相连或包围的关系，即不分块

上述三种字型的特点如下。

左右型：左右结构的汉字，字根之间左右排列，整个汉字中有明显界线，字根之间有一定的距离，例如"汉、则、到、肚、拥、咽"等；或单独占据一边的部分与另外两部分成左右排列，例如"桂、封、侧、别、说、诸"等。

上下型：上下结构的汉字，字根之间自上而下排列，其间有一定距离，例如"字、节、吉、李"等；或单独一层的部分与另外两部分上下排列，例如"照、想、华、意、蒋、型"等。

杂合型：杂合型结构的汉字，各字根交叠在一起，不能明显地分为上下或左右部分。这类字中多为单体、内外、包围等字型，例如"头、本、团、同、选、还、斗、飞、自、未、乘、果"等。

3

（5）汉字的四种结构

一切汉字都是由基本字根组成的，或者说是拼合而成的。实际上，学习五笔字型输入法的过程，也就是学习将汉字拆分为基本字根的过程。因此，了解汉字的结构对于学习五笔字型输入法是非常有用的。

基本字根在组成汉字时，按照它们之间的位置关系可以分为单、散、连、交四种结构。

① 单：基本字根本身就单独成为一个汉字。在 130 个字根中，这样结构的字根共有 94 个。通常把它称为"成字字根"，例如"口、木、山、田、马、用、寸、心、主、甲、竹、女、耳"等。

② 散：指一个汉字由多个字根组成，且字根之间有一定的距离。左右型、上下型结构的汉字都可以是"散"结构，例如"吕、识、语、字、笔、训、功、培"等。

③ 连：五笔字型中字根间的相连关系并非通俗的望文生义的相互连接之意，它主要指以下两种情况：

➢ 一个基本字根连一单笔画，这两个字根之间是没有距离的。如"丿"下连"目"成为"自"，"丿"下连"十"成为"千"，"月"下连"一"成为"且"等。其中，单笔画可连前也可连后。但是如果单笔画与基本字根之间有明显的间距则不认为相连，例如"个、少、旧、乞、孔"等。

➢ 带点结构（一个基本字根之前或之后带一个孤立的点）均认为相连。例如"勺、术、太、主、斗、头"等。尽管这些字中的点与基本字根并不相连，但为了使问题简化，我们规定，孤立点一律视作与基本字根相连。

对于"连"结构的汉字，统一规定它的字型是杂合型（3 型）。

④ 交：指几个基本字根交叉套叠，字根之间没有距离。例如"里、夷、必、申、农"等，其中"里"由"日土"构成，"夷"由"一弓人"交叉构成。这种结构的汉字在判断字型时，也应认为它属于杂合型（3 型）。

一般来说，初学者可以按如下方法来确定汉字的结构：可以分左右、上下型的汉字属于"散"；笔画、字根为"连"或"交"的汉字一律属于"杂合型"；不分上下、左右的汉字都属于"杂合型"。

📖 同步练习 ➝

1. 判定下列汉字的字型（左右、上下、杂合）（表 3-1-3）。

表 3-1-3　判定汉字字型

汉字	字型	汉字	字型	汉字	字型
五		卡		应	
彪		座		看	
若		东		览	
司		乔		交	
还		两		堍	
圆		亲		乘	
养		里		宣	
激		承		美	

2. 判定下列汉字的字根结构关系（单、连、散、交）（表 3-1-4）。

表 3-1-4　判定字根结构关系

汉字	字根结构关系	汉字	字根结构关系	汉字	字根结构关系
氢		国		丰	
三		兴		键	
荣		几		闻	
张		牢		头	
舟		击		田	
必		混		吕	
贝		叉		匹	

2. 五笔字根简介

"字根表"是五笔字型这项发明的核心技术，只有掌握了字根排列的特点，才能更有效地记忆和使用五笔字型输入法。

五笔字型的字根在键盘上都有对应的键位。如图 3-1-1 所示，在设计字根键位时，把英文键盘从 A～Y 的 25 个字母键分为 5 个区，将各种字根按其第

3

一个笔画的类别，对应于键盘上的一个区，每个区又尽量考虑字根的第二个笔画，再分为5个位，即形成了5个区，每区5个位，共25个键位的一个字根键盘，每个区的位号从键盘中部起，向左右两端顺序排列。

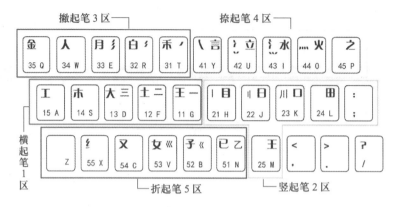

图 3-1-1　字根键盘分区示意图

五笔字型键盘的键位代码，既可以用区位号（11~55）来表示，也可以用对应的英文字母来表示。区位号表示如下：11~15 即 G、F、D、S、A 为一区（横区）；21~25 即 H、J、K、L、M 为二区（竖区）；31~35 即 T、R、E、W、Q 为三区（撇区）；41~45 即 Y、U、I、O、P 为四区（捺区）；51~55 即 N、B、V、C、X 为五区（折区），共 25 个键位。其中 Z 键为万能键，它不用于定义字根，而是用于五笔字型的学习。

要使用五笔字型输入法进行汉字输入，必须首先牢记各种字根及其键位。

图 3-1-2 给出了五笔字型 86 版的字根总图及助记词。表 3-1-5 给出了五

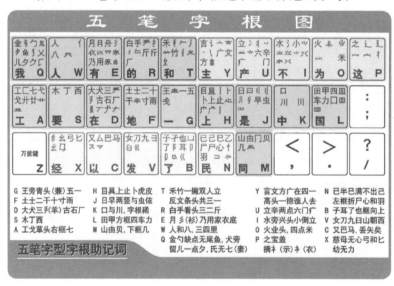

图 3-1-2　五笔字型 86 版字根总图及助记词

笔字型的字根总表。同时，人们为了方便记忆，还给出了助记口诀，背熟这些口诀，可以起到事半功倍的效果。

表 3-1-5 五笔字型字根总表

区	位	代码	字母	键名	字　　根	助 记 口 诀	高频字
1 横起笔	1	11	G	王	王 丯 一 五 戋	王旁青头戋（兼）五一	一
	2	12	F	土	土 士 二 干 十 寸 雨 甲	土士二干十寸雨	地
	3	13	D	大	大 犬 三 手 尹 ナ 古 石 厂 丆 ナ 镸	大犬三羊古石厂	在
	4	14	S	木	木 丁 西 覀	木丁西	要
	5	15	A	工	工 戈 弋 艹 廾 匚 七 卅 廿	工戈草头右框七	工
2 竖起笔	1	21	H	目	目 丨 且 卜 上 止 疋 虍 广	目具上止卜虎皮	上
	2	22	J	日	日 早 刂刂 刂 虫 曰 皿	日早两竖与虫依	是
	3	23	K	口	口 川 川	口与川 字根稀	中
	4	24	L	田	田 甲 四 车 力 皿 罒 囗 皿 川	田甲方框四车力	国
	5	25	M	山	山 由 贝 门 几 皿	山由贝 下框几	同
3 撇起笔	1	31	T	禾	禾 竹 竹 ⺮ 丿 彳 夂 攵	禾竹一撇双人立 反文条头共三一	和
	2	32	R	白	白 手 扌 扌 彡 乍 厂 斤 斤	白手看头三二斤	的
	3	33	E	月	月 日 舟 彡 乃 罒 豖 豖 豖 乛 伐 乚 用	月彡乃用家衣底	有
	4	34	W	人	人 亻 癶 � 八	人和八 三四里	人
	5	35	Q	金	金 钅 儿 勹 犭 儿 夕 夕 乂 ⺈ 匚 鱼	金勺缺点无尾鱼 犬旁留 乂儿一点夕 氏无七	我
4 捺起笔	1	41	Y	言	言 丶 讠 文 方 广 亠 高 八 圭	言文方广在四一 高头一捺谁人去	主
	2	42	U	立	立 亠 辛 冫 丬 丷 亚 六 门 疒	立辛两点六门病	产
	3	43	I	水	水 氵 氺 氺 灬 业 业 小 业	水旁兴头小倒立	不
	4	44	O	火	火 米 灬 小 业	火业头 四点米	为
	5	45	P	之	之 宀 冖 辶 廴 礻	之宝盖，摘礻（示） 衤（衣）	这

3

续表

区	位	代码	字母	键名	字　根	助 记 口 诀	高频字
5 折起笔	1	51	N	已	已巳己乙忄心小 羽 ⻌尸尸	已半巳满不出己 左框折尸心和羽	民
	2	52	B	子	子孑卩耳了也凵巛阝已	子耳了也框向上	了
	3	53	V	女	女刀九臼巛彐	女刀九臼山朝西	发
	4	54	C	又	又巴马厶マ乙	又巴马 丢矢矣	以
	5	55	X	纟	弓幺匕上匕纟纟纟	慈母无心弓和匕 幼无力	经

五笔字根分类详解

第1区字根：横起笔（图3-1-3，表3-1-6）

图3-1-3　一区字根图

第1区字根图上的是有代表性字根，对应的键位上的具体字根如下，

11 G　王圭一五戋

12 F　土士二干十寸雨甲

13 D　大犬三手尹广 古石厂ア犭長

14 S　木丁西覀

15 A　工戈弋艹廾匚七廾甘

说明："兼"与"戋"同音，借音转义；"羊"指羊字底"手"和"尹"；"右框"即方向朝右的框"匚"。

表3-1-6　第一区字根详解表

代码	字母	键名	字形	基本字根	解说及记忆要点
11	G	王	一	王圭五	键名及"圭"首二笔为11，"五"与"王"形近
				戋	首二笔为11
				一	横笔画数为1，与位号一致

续表

代码	字母	键名	字形	基本字根	解说及记忆要点
12	F	土	二	土士干	首二笔为 12，"土"与"士"同形，"干"为倒"土"
				十寸雨甲	"甲"与"十"形似，其他字根首二笔为 12
				二	横笔画数为 2，与位号一致
13	D	大	三	大犬犭 古石厂ナ丆	首二笔为 13，"ナ"等与"厂"相似，"犭"用于"尤龙"
				三尹镸	均与"三"形像，"三尹"只用于"羊"字底
				三	横笔画数为 3，与位号一致
14	S	木		木	首笔与区号一致，首末笔为 14（助记）
				西	首笔为 1，下部像"四"，故处 14 键
				丁	双木为"林"，本键三字根为"丁西林"可看作一人名
15	A	工	七	艹卉廾廿	形似，由"廿"变形而来，"廾"和"廿"都是草字头的变形体
				工匚	首二笔为 15，"工"与"匚"形近，正反"匚"合为"工"
				七戈弋	首二笔为 15，形似

📖 同步练习

1. 写出下列字根所在的区位号与字根对应的字母键。

王（　　）（　　）　土（　　）（　　）　大（　　）（　　）　木（　　）（　　）

廿（　　）（　　）　西（　　）（　　）　镸（　　）（　　）　戈（　　）（　　）

雨（　　）（　　）　丁（　　）（　　）　寸（　　）（　　）　犬（　　）（　　）

七（　　）（　　）　古（　　）（　　）　甲（　　）（　　）　艹（　　）（　　）

干（　　）（　　）　弋（　　）（　　）　尹（　　）（　　）　三（　　）（　　）

ナ（　　）（　　）　三（　　）（　　）　匚（　　）（　　）　弋（　　）（　　）

2. 下列汉字只要按一区的两个键并加一个空格即可输入，动手试试看吧！

五　三　厅　枯　械　天　末　二　城　霜　载　大　于　左

林　本　村　式　革　基　苛　开　寺　七　夯

3

第 2 区字根：竖起笔（图 3-1-4，表 3-1-7）

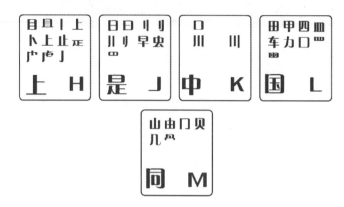

图 3-1-4　二区字根图

第 2 区字根图上的是有代表性字根，对应的键位上的具体字根如下（右侧为助记口诀）：

21 H　目丨且卜上止此 虍 广

22 J　日早刂刂刂虫日皿

23 K　口川刂川

24 L　田甲四车力皿罒口皿川

25 M　山由贝门几皿

说明："具上"指"具"字的上部"且"，"卜虎皮"指"虎、皮"的外边，"方框"即"口"。

表 3-1-7　第二区字根详解表

代码	字母	键名	字形	基本字根	解说及记忆要点
21	H	目	丨	目且	键名及相似形，3 个洞
				上止此 虍 广	首二笔为 21，"虍"与"广"相近，"广"只用于皮
				丨卜	竖笔画数为 1，"卜"为 21
22	J	日	刂	日曰早	键名及其变形，复合字根，均 2 个洞
				刂刂刂刂	竖起笔画数为 2，"刂"及其变形
				虫皿	形近，皿为倒日，竖起笔，2 个洞

续表

代码	字母	键名	字形	基本字根	解说及记忆要点
23	K	口	川	口	键名
				川川	竖笔画数为3，"川"为"川"变体
24	L	田	川川	田甲车口	"口"为"田"字框，繁体"車"与"甲"形似，4个洞
				四皿皿罒	首笔为竖（2），字义为4，故在24
				力	外来户，读音为"Li"，故在L键
25	M	山		山由	首二笔为25，二者形似
				贝门几罒	首二笔为25，字形均似"门"及"M"

📖 **同步练习**

1. 写出下列字根所在的区位号与字根对应的字母键（表3-1-8）。

表3-1-8　字根所在区位号和对应的字母键

字根	区位号	对应的字母键	字根	区位号	对应的字母键	字根	区位号	对应的字母键
山			四			川		
门			贝			卢		
止			刂			罒		
车			虫			皿		
罒			甲			早		
卜			日			由		

2. 下列汉字只要按二区的两个键并加一个空格即可输入，动手试试看吧！

旧　占　卤　贞　昌　早　蝇　曙　遇　吕　斳

虽　另　员　男　四　辑　加　轴　册　则

第3区字根：撇起笔（图3-1-5，表3-1-9）

第3区字根图上的是有代表性字根，对应的键位上的具体字根如下：

31 T　禾竺竹𠂉丿彳夂攵

32 R　白手𰀁扌彡𠂉𠂆厂斤

图 3-1-5 第三区字根图

33 E   月冃舟彡乃罒豕豕豸夃𧗲用

34 W   人亻𠂊夃八

35 Q   金钅𠂆勹犭儿夕夂攵㇉鱼

说明："双人立"即"彳"，"条头"即"夂"，"家衣底"即"豕豸夃
𧗲"；"勹缺点"指"勹"，"无尾鱼"指"鱼"，"父儿"代表"犭、父、儿"，
"点夕"指带一点的"夕"、少一点的"夂"、多一点的"夕"；"氏"去掉
"七"为"𠂉"，故"㇉"叫"氏无七"。

表 3-1-9 第三区字根详解表

代码	字母	键名	字形	基本字根	解说及记忆要点
31	T	禾	丿	禾	键名
				⺮竹彳夂夂	首二笔为 31，"⺮竹"近似，"夂夂"近似
				丿	撇笔画数为 1，与位号一致
32	R	白	彡	白斤	首二笔为 32
				手𡗗扌乍	撇（3）加两横（2），扌、𡗗为手的变体
				厂斤	撇笔画数为 2，"斤"首二笔为 2 个撇
33	E	月	彡	月冃舟乃用	"乃用舟"与"月"相似
				罒	撇（3）加三点，故 33
				彡豕豸夃𧗲𧗲	撇笔画数 3，"豕"与"彡"似，"𧗲𧗲"为"衣"底
34	W	人	八	人亻	首二笔代号为 34，"亻"即"人"
				𠂊夃八	首二笔为 34，其余与"八"象形
35	Q	金	勹	金钅	键名
				𠂆勹儿夕夂㇉	首二笔为 35，"𠂆"与"儿"似
				犭父鱼	"犭、鱼"首二笔为 35，"父"与"犭"似

📖 同步练习 ————————————————————→

1. 写出下列字根所在的区位号与字根对应的字母键。

竹（　　）（　　）　白（　　）（　　）　月（　　）（　　）　⺌（　　）（　　）

鱼（　　）（　　）　灬（　　）（　　）　豕（　　）（　　）　匚（　　）（　　）

夂（　　）（　　）　钅（　　）（　　）　衣（　　）（　　）　舟（　　）（　　）

彳（　　）（　　）　用（　　）（　　）　勹（　　）（　　）　几（　　）（　　）

手（　　）（　　）　⺿（　　）（　　）　厂（　　）（　　）　又（　　）（　　）

2. 下列汉字只要按三区的两个键并加一个空格即可输入，动手试试看吧!

笔　物　秀　答　称　折　扔　失　换　朋　用　遥

脸　胸　从　作　伯　仍　你　多　儿　铁　角　欠

第 4 区字根：捺起笔（图 3-1-6，表 3-1-10）

图 3-1-6　四区字根图

第 4 区字根图上的是有代表性字根，对应的键位上的具体字根如下：

41 Y　言、讠文方广亠高丶主

42 U　立亠辛冫丬丷业六门疒

43 I　水氵水丷〢ㄑ灬业小⺌业

44 O　火米灬⺌业

45 P　之宀冖辶廴礻

说明："高"头为"亠、高"，"谁"去掉"亻"即剩下"讠、主"，故为"谁人去"；水旁为"氵"，"兴"头为"业"，小倒立为"丷"；"业头"即"业"；"之"指"之、辶、廴"，宝盖指"宀、冖"，"礻、衤"摘除一点和两点为"礻"。

3

表 3-1-10　第四区字根详解表

代码	字母	键名	字形	基本字根	解说及记忆要点
41	Y	言	丶	言 讠 亠	首二笔为41，"亠"与"言"形近
				亠 文 方 广 圭	首二笔为41
				丶八	捺笔画数为1，与位号一致
42	U	立	冫	立 六 辛 六 门	与键名形似，有两点，"门"为42
				疒	此键位以有两点为特征，"疒"有两点
				冫 丬 冫 业	捺（点）笔画数为2，与两点同形
43	I	水	氵	水 氺 爫 氺	均与键名字源相同，与"氵"意同
				小 ⅲ 业 业 业	均与三点近似
				氵	捺（点）起笔，笔画数为3，与键名意同
44	O	火	灬	火	键名与四个点"灬"为同源根
				米	外形有四个点，放于44
				灬 小 业	都是四个点
45	P	之	礻	之 辶 廴	首二笔为45，意为"之"，"辶"与"廴"似
				宀 冖	首二笔为45，"宀"随"冖"，同为宝盖
				礻	首二笔为45，"礻"系"礻、衤"旁去末笔画

📖 **同步练习**

1. 写出下列字根所在的区位号与字根对应的字母键。

宀（　　）（　　）廴（　　）（　　）言（　　）（　　）小（　　）（　　）

业（　　）（　　）礻（　　）（　　）火（　　）（　　）亠（　　）（　　）

丬（　　）（　　）方（　　）（　　）水（　　）（　　）圭（　　）（　　）

文（　　）（　　）冫（　　）（　　）氵（　　）（　　）业（　　）（　　）

之（　　）（　　）辛（　　）（　　）疒（　　）（　　）业（　　）（　　）

2. 下列汉字只要按四区的两个键并加一个空格即可输入，动手试试看吧！

说　就　变　这　立　六　冰　普　帝　水　注　洋

学 淡 炎 米 料 炒 迷 之 社 实 宵 灾

第 5 区字根：折起笔（图 3-1-7，表 3-1-11）

图 3-1-7 第五区字根图

第 5 区字根图上的是有代表性字根，对应的键位上的具体字根如下：

51 N 已巳己乙忄心小 羽コ尸 尸

52 B 子孑卩耳了也凵巛阝巴

53 V 女刀九臼巛彐

54 C 又巴马厶マ又

55 X 弓幺纟比匕纟纟

说明："左框"即"コ"；"框向上"即向上的框"凵"；"山朝西"即打倒的山"彐"；"矣"去掉"矢"即为"厶"；"母无心"即母去掉中间部分"纟"；"幼"去"力"即为"幺"。

表 3-1-11 第五区字根详解表

代码	字母	键名	字形	基本字根	解说及记忆要点
51	N	已	乙	已巳己コ尸尸	首二笔为 51
				心忄小	外来户："忄、小"为"心"的变体
				乙羽	折笔画数为 1，与位号一致
52	B	子	巛	子孑了	首二笔为 52
				卩耳也阝巴	"耳"与"阝"同源，"卩"与"巴"同源
				凵巛	折笔画数为 2，与位号一致；"凵"首二笔 52
53	V	女	巛	女刀	首二笔 53
				九	可认为首二笔为 53，识别时用"折"
				臼巛彐	"巛"为三折，"巛彐"首笔为折（5），形似三横（3）

3

续表

代码	字母	键名	字形	基本字根	解说及记忆要点
54	C	又	ム	又マス	键名首二笔为54，"マ、ス"为"又"的变体
				巴马	折起笔，应在本区，因相容处于此位
				ム	首二笔为54
55	X	纟		幺纟糸	首二笔为55，与键名同形
				弓屮	首末笔为55
				匕匕	应在本区，因相容处于此位

📖 **同步练习**

1. 写出下列字根所在的区位号与字根对应的字母键。

匕 （　　）（　　）　又（　　）（　　）　ス（　　）（　　）　刀（　　）（　　）

ヨ （　　）（　　）　弓（　　）（　　）　巴（　　）（　　）　阝（　　）（　　）

小 （　　）（　　）　羽（　　）（　　）　纟（　　）（　　）　也（　　）（　　）

ム （　　）（　　）　巳（　　）（　　）　巛（　　）（　　）　屮（　　）（　　）

尸 （　　）（　　）　幺（　　）（　　）　臼（　　）（　　）　尸（　　）（　　）

2. 下列汉字只要按五区的两个键并加一个空格即可输入，动手试试看吧！

经　绿　弛　纪　艰　邓　马　姆　妈　好　也　限

取　陛　敢　恨　怪　尼　比　双　妇　子　忆

📖 **拓展练习**

1. 鉴别字根与非字根。如果是字根，请写出它的编码；如果是非字根，请拆成几个已知字根，填写在表3-1-12中。

表 3-1-12　鉴别字根与非字根

对象	是否字根（或否，可拆分成哪些字根）	对象	是否字根（或否，可拆分成哪些字根）	对象	是否字根（或否，可拆分成哪些字根）
羽		文		巳	
水		圭		ヨ	
世		丬		冫	
舟		巴		东	
归		亻		迹	
心		业		七	
角		我		雨	

2. 请试着将下列汉字拆分成基本字根，填写在表 3-1-13 中。（如：分：八 刀）

表 3-1-13　拆分成基本字根

汉字	拆分成基本字根	汉字	拆分成基本字根	汉字	拆分成基本字根
再		琶		盏	
列		趁		断	
矣		陈		底	
胡		凡		煤	
曝		叔		展	
式		孤		盖	
家		弈		于	
制		参		宝	

任务 3-2　汉字的拆分与输入

📖 任务描述

在熟记字根表的基础上，掌握汉字的拆分原则、键面字及键外汉字的录入

3

方法，理解末笔交叉识别码。多做拆字练习，并进行大量的上机训练。

📖 **问题引导** ────────────────────────→

　　在五笔字型输入法中，是按照什么样的规则将一个汉字拆分为几个字根呢？不同种类的汉字拆分方法是不是一样呢？录入方法是否相同呢？

📖 **知识学习** ────────────────────────→

　　1. 汉字的拆分原则。
　　2. 键面汉字的录入。
　　3. 键外汉字的录入。
　　4. 末笔交叉识别码。
　　5. 容易拆错的汉字。

📖 **任务实施** ────────────────────────→

　　1. 汉字的拆分原则

　　在分析汉字的结构时，是用各个基本字根组成汉字；而在录入时却要把汉字拆分成若干个基本字根，这种把汉字拆分成几个基本字根的操作，称为"拆字"。学习五笔字型输入法的关键是掌握汉字的拆分原则。在五笔字型输入法中，一般字根的输入顺序与汉字书写笔画顺序一致，汉字拆分还要遵循以下原则。

　　（1）书写顺序

　　书写汉字时遵从正确的书写顺序，是每个有知识的中国人应有的良好习惯，"倒插笔"往往被认为是文化水平不高。因此，一种优秀的汉字编码方法，其拆分汉字为字根的顺序一定要符合正确的书写习惯，大众才愿意接受。

　　五笔字型输入法从一开始就规定：在拆分"合体字"时，一定要按照正确的书写顺序进行。先写的先拆，后写的后拆。表3-2-1举例说明了根据书写顺序拆分汉字的方法。

表3-2-1　汉字拆分顺序举例

汉　字	字　　根	字　型　特　点
新	立、木、斤	从左到右，左右型
煮	土、丿、日、灬	从上到下，上下型
酒	氵、西、一	从左到右，从外到内，左右型
夷	一、弓、人	从上到下，从外到内，杂合型

（2）取大优先

"取大优先"，也叫作"优先取大"。也就是说，拆分汉字时，拆分出的字根数量应该最少；当有多种拆分方法时，应取前面字根大（笔画多）的那种。按书写顺序拆分汉字时，应以"再添一个笔画便不能称其为字根"为限度，每次都拆取一个"尽可能大"的，即"笔画尽可能多"的字根。

例如1："世"字（如图3-2-1所示）

第一种拆法：一、凵、乙（错误）

第二种拆法：廿、乙　　　（正确）

图3-2-1　"世"的五笔字根拆分

显然，前者的错误是因为其第二个字根"凵"，完全可以向前"凑"到"一"上，形成一个"更大"的已知字根"廿"。因此"世"字的正确编码为AN。

例如2："制"字

第一种拆法：丿、二、冂、丨、刂（错误）

第二种拆法：𠂉、冂、丨、刂　　（正确）

同样，第一种拆法是错误的。因为第二码的"二"，完全可以向前"凑"，与第一个字根"丿"凑成更大一点的字根"𠂉"。因此"制"字的正确编码为RMHJ。

总之，"取大优先"，俗称"尽量往前凑"，是一个在汉字拆分中最常用到的基本原则。至于什么才算"大"，"大"到什么程度才到"边"，答案很简单：字根表中笔画最多的字根就是"大"，就是"边"。如果能"凑"成"大"的，就不要"退"下来依其"小"的。此事其实并不难，只要你熟悉了字根总表，便不会出错了。

（3）兼顾直观

在拆分汉字时，为了照顾汉字字根的完整性，有时不得不暂且牺牲一下"书写顺序"和"取大优先"的原则，形成个别例外的情况。

例如"固"字，按"书写顺序"应拆成："冂、古、一"，但这样便破坏了汉字构造的直观性，故只好违背"书写顺序"，实际按"口、古"取码（如图 3-2-2 所示）。所以"固"字正确编成为 LDD（第三个编码为识别码，将在后面进行专门学习）。

图 3-2-2 "固"字的直观性拆分

又如"自"字，按"取大优先"应拆成："丿、乙、三"，但这样拆，不仅不直观，而且有悖于"自"字的字源（这个字的字源是"一个手指指着鼻子"）故只能拆作"丿、目"，这叫作"兼顾直观"。

（4）能连不交

当一个汉字既可拆成相连的几个部分，也可以拆成相交的几个部分时，取相连的拆分方法。请看以下拆分实例：

"于"字：一 十（二者相连）、二 丨（二者相交），因此前者正确（如图 3-2-3 所示）。

图 3-2-3 "于"字的拆分

"丑"字：乙 土（二者是相连的）、刀 二（二者是相交的），前者正确。

因此，一般来说，"连"比"交"更为"直观"。

（5）能散不连

如果一个汉字能够拆成"散"的结构形式，就不要将它拆成"连"的形式。有时候一个汉字被拆成的字根之间的关系在"散"和"连"之间模棱两可。

例如："占"字可拆分为"卜、口"，两者按"连"处理，便是杂合型（3 型）；两者按"散"处理，便是上下型（2 型），后者正确，编码为 HK。

又如："严"字可拆分为"一、业、厂"，后两个字根按"连"处理，便是杂合型（3 型）；后两个字根按"散"处理，便是上下型（2 型），是正确的拆分方法，编码为 GOD（如图 3-2-4 所示）。

图 3-2-4　"严"字的拆分

当遇到这种既能"散"又能"连"的情况时，五笔字型输入法规定：只要不是单笔画，一律按"能散不连"的原则拆分。因此，以上两例中的"占"和"严"都被认为是"上下型"字（2 型）。

综上所述，我们可以把拆分汉字的基本原则归纳成下列三点：

① 首先要按书写顺序拆分字根。

② 当存在多种拆分形式时，尽量按取大优先并兼顾字形的直观性。

③ 当字根的笔画间存在多种关系时，按散优于连、连优于交的原则拆分。

2. 键面汉字的录入

键面汉字指五笔字型的所有字根，其中有的本身就是汉字，有的既是字也是部首，有的只是部首。例如：

王、木、金、丁、石、由等是字。

亻、氵、辶、宀、口等是常见部首，也是字。

厶、纟、灬等不是字。

键面上有的汉字包括：键名字（也属于字根）、成字字根、单笔画字根。

（1）输入键名字的方法

各个键上的第一个字根，即"助记词"中打头的那个字根，我们称之为键名字。键名字都是一些组字频度较高且形体上又有一定代表性的字根，如

图 3-2-5 所示。

图 3-2-5　键名字

键名字中的绝大多数本身就是一个汉字，当需要输入键名字时，只要把所在的键连击 4 次（不再打空格键）。

例如：金：金金金金　35　35　35　35　　QQQQ

又：又又又又　54　54　54　54　　CCCC

目：目目目目　21　21　21　21　　HHHH

25 个作为键名的汉字如下：

王 土 大 木 工　（1 区）　　　目 日 口 田 山　（2 区）

禾 白 月 人 金　（3 区）　　　言 立 水 火 之　（4 区）

已 子 女 又 纟　（5 区）

（2）输入成字字根的方法

在五笔字型字根总表中，除键名以外，自身为汉字的字根称为"成字字根"。除键名外，各区成字字根（其中包括相当于"汉字"的"氵、勹、刂、扌、亻"等）见表 3-2-2。

表 3-2-2　各区成字字根

区　　号	成 字 字 根
1 区	一五戋，士二干十寸雨，犬三古石厂，丁西，戈弋七廿廾
2 区	卜上止，曰刂早虫，川，甲口车四皿力，由贝几门
3 区	竹夂攵彳，手扌斤，彡乃用豕，亻八，钅勹儿夕
4 区	讠文方广，辛六门疒，氵小，灬米，宀冖辶廴
5 区	巳己心忄羽乙尸，子耳了也卩口阝，刀九臼彐，厶巴马，幺弓匕

输入成字字根时，先打字根本身所在的键，俗称"报户口"，再根据"字根拆成单笔画"的原则，打它的第一个单笔画、第二个单笔画以及最后一个单笔画，不足 4 键时，加打一次空格键。其输入公式如下：

键名代码+首笔画代码+次笔画代码+末笔画代码

如表 3-2-3 所示。

表 3-2-3 成字字根示例

成 字 字 根	键 名	首 笔	次 笔	末 笔	编 码
寸	寸（F）	一（G）	丨（H）	丶（Y）	FGHY
丁	丁（S）	一（G）	丨（H）	空格	SGH
戋	戋（G）	一（G）	一（G）	丿（T）	GGGT
古	古（D）	一（G）	丨（H）	一（G）	DGHG
虫	虫（J）	丨（H）	乙（N）	丶（Y）	JHNY
辛	辛（U）	丶（Y）	一（G）	丨（H）	UYGH
贝	贝（M）	丨（H）	乙（N）	丶（Y）	MHNY

通过以上实例，可以看出：成字字根的编码法，体现了汉字分解的一个基本原则：遇到字根，报完户口，就拆成单笔画。

（3）单笔画字根的输入方法

许多人不太注意，其实 5 个单笔画"一、丨、丿、丶、乙"在国家标准中都是作为汉字来对待的。在五笔字型中，照理说它们应当按照成字字根的方法输入，但是除了"一"之外，其他几个都很不常用。按"成字字根"的打法，它们的编码只有 2 码，这么简短的"码"用于如此不常用的"字"，真是太可惜了！于是，将其简短的编码让位给更常用的字，而人为地在其正常码的后边，加两个"L"作为 5 个单笔画的编码，即：

一：11 11 24 24 （G G L L）

丨：21 21 24 24 （H H L L）

丿：31 31 24 24 （T T L L）

丶：41 41 24 24 （Y Y L L）

乙：51 51 24 24 （N N L L）

应当说明，"一"是一个极为常用的字，每次按 4 次键才将其输入岂不太慢？别担心，后边会讲到，"一"作为一个"高频字"，只要打一个"G"再打一个空格便可输入。

由以上可知，字根总表里面，字根的输入方法被分为两类：第一类是 25 个键名汉字；第二类是键名以外的字根。

字根集是组成汉字的一个基本队伍。当我们对键面以外的汉字进行拆分时，都要以拆成"键面上有的字根"为准。所以，只有通过键名的学习，成字字根的输入，我们才能加深对字根的认识，才能分清楚哪些是字根，哪些不是字根。

3. 键外汉字的录入

键名字及成字字根汉字为键面字，共有一百多个。键外字是无法直接用键面字符表示的汉字，它占所有汉字的绝大部分，因此键外汉字的输入是五笔字型输入法中最重要的部分。对于普通汉字来说，通过拆分得到的字根数目有多有少，五笔字型汉字编码的取码总原则为截长补短，即汉字的编码超过 4 个码时，只取 4 个，不足 4 个编码时，补一个编码。下面分别进行说明。

（1）编码超过四码

凡是字根表中没有的汉字（即键外字），按照前面讲过的"五项拆分规则"一律拆成单个字根之后，可以在键盘上找到这些字根，依次按键，把字拼合起来，就完成录入了。

可是，看看以下情况，你就会发现问题。

慧——拆成：三 丨 三 丨 ヨ 心 （6 个）

攀——拆成：木 乂 乂 木 大 手 （6 个）

鼺——拆成：丿 目 田 一 刂 木 日 一（8 个）

输入这么多字根，是不是太多、太慢？而且字根数有多有少，长短不齐，全部输入有无必要呢？

经过研究发现，无论多么复杂的字，无论拆出多少个字根，只要输入它的 4 个字根，就能够得到一个唯一性很强的编码。既然编码是唯一的，那么只要让它对应所需要的那个字就行了。

因此，对五笔字型输入法的编码做出如下规定：

凡是编码超过 4 个的，就截；凡是编码不足 4 个的，就补，叫作"截长补短"。

将汉字拆分之后，字根总数多于 4 个的，叫作"多根字"。对于"多根字", 无论实际可以拆出几个字根, 我们只按拆分顺序, 取其第一、二、三及末一个字根, 俗称"一二三末", 其余字根全部截去。例如, 如图 3-2-6 所示。

图 3-2-6 "慧"的五笔取码

慧:	三	丨	三	心	编码为: DHDN
攀:	木	乂	乂	手	编码为: SQQR
魑:	丿	目	田	一	编码为: THLG
瑜:	王	人	一	刂	编码为: GWGJ
蔼:	卄	讠	日	乙	编码为: AYJN

（2）编码恰好四码

恰好由 4 个字根构成的汉字, 叫作"四根字", 其取码方法是: 依照书写顺序把 4 个字根取完。例如:

照:	日	刀	口	灬	编码为: JVKO
遮:	广	廿	灬	辶	编码为: YAOP
毁:	臼	工	几	又	编码为: VAMC
两:	一	冂	人	人	编码为: GMWW

（3）编码不足四码

五笔字型编码的最长码是 4 码, 凡是不足 4 个字根的汉字, 我们规定字根输入完以后, 再追加一个"末笔交叉识别码", 简称"识别码"。这样就使两个字根的汉字由 2 码变成 3 码, 三个字根的汉字由 3 码变成 4 码。

"识别码"是由"末笔"代号加"字型"代号构成的一个附加码。例如（带括号的那些笔画或字根即为"识别码"）:

| 叭: | 口 | 八 | 〔丶〕 | 编码为: KWY |
| 旮: | 九 | 日 | 〔一〕 | 编码为: VJF |

加入"识别码"后, 仍然不足 4 个码时, 还要加一个空格, 以示"该字编码

3

结束"。

以上各字的"识别码"是怎样产生、如何使用的呢？请认真学习下一节。

4. 末笔交叉识别码

在使用五笔字型输入法时，有时输入某个汉字编码，中文提示行会出现两个或两个以上的不同汉字，这就是汉字的重码。重码字太多，影响输入效率，何况有很多汉字是由 2 个字根组成，且大多数是最常用的字，因此必须把它们的编码分开。

五笔字型输入法中规定：凡是由 2、3 个字根组成的字，字根输入完成之后，后边一律再加上一个码——"末笔交叉识别码"。这样，就可以大幅度减少常用字的重码，从而提高输入效率。

"末笔交叉识别码"为减少重码起到了关键作用，使得绝大多数原本重码的常用字都有与之对应的唯一编码，而不再有重码。

以下例子可以进一步说明增加"末笔交叉识别码"的必要性。

（1）丢失字型信息会引起重码

叭：　口　八　（K　W）　　　（1 型字）

只：　口　八　（K　W）　　　（2 型字）

吧：　口　巴　（K　C）　　　（1 型字）

邑：　口　巴　（K　C）　　　（2 型字）

昝：　九　日　（V　J）　　　（2 型字）

旭：　九　日　（V　J）　　　（3 型字）

（2）因字根处在同一键位上引起重码

沐：　氵　木　（I　S）　　　末笔为、

洒：　氵　西　（I　S）　　　末笔为一

汀：　氵　丁　（I　S）　　　末笔为丨

他：　亻　也　（W　B）　　　末笔为乙，1 型字

仓：　人　㔾　（W　B）　　　末笔为乙，2 型字

仔：　亻　子　（W　B）　　　末笔为乙，1 型字

从以上的例子可以看出，如果有办法补一个"末笔"信息，这些字则无一重码了。

五笔字型输入法设计的"末笔交叉识别码"，是一个既含有"末笔"信息，又含有"字型"信息的综合功能码。在以上例子中只要在字根之后加上

"识别码"，就不会有一个重码了。

"识别码"是"五笔字型"仅仅使用 25 个键位且又有极少重码的关键性技术。参加鉴定的专家们说五笔字型"构思巧妙"，就是针对的"识别码"。

末笔识别码就是由汉字最后一笔的笔画编号和字型结构的编号组成交叉代码，交叉代码所对应的英文字母就是识别码。构成识别码的规则是将五种笔画的编号（横 1、竖 2、撇 3、捺 4、折 5）和字型结构的编号（左右结构 1、上下结构 2、杂合 3）组合起来形成的。不同结构、笔画的末笔交叉识别码见表 3-2-4。

表 3-2-4　末笔交叉识别码表

末　　笔	字　　型	左右	上下	杂合
		1	2	3
横	1	11（G）	12（F）	13（D）
竖	2	21（H）	22（J）	23（K）
撇	3	31（T）	32（R）	33（E）
捺	4	41（Y）	42（U）	43（I）
折	5	51（N）	52（B）	53（V）

判断末笔交叉识别码的方法是：

（1）根据汉字的最后一个笔画判断识别码在哪一个区。

（2）根据汉字的字型结构判断识别码在哪一个位。

例如："万"的最后一笔为折，在 5 区，字型为杂合型，在 3 位，末笔识别码为 53 即 V，编码为 DNV。又如"叭"的最后一笔为丶，在 4 区，字型为左右型，在 1 位，末笔识别码为 41 即 Y，编码为 KWY。

"末笔交叉识别码"是五笔字型输入法中最难的知识点，下面再列举一些实例（见表 3-2-5），帮助大家理解。多加应用，便熟能生巧。

表 3-2-5　末笔交叉识别码举例

单　字	字　根	字根码	末　笔	区　号	字　型	识别码	编　码
沐	氵木	I S	丶	4	1	Y	ISY
汀	氵丁	I S	丨	2	1	H	ISH

续表

单　字	字　根	字根码	末　笔	区　号	字　型	识别码	编　码
洒	氵西	I S	一	1	1	G	ISG
旭	九日	VJ	一	1	3	D	VJD
旮	九日	VJ	一	1	2	F	VJF

上例中，"沐、汀、洒"的字根码都一样(IS)，但末笔不同，所以加上末笔识别码后，它们的编码就不相同了，否则就会重码（都是IS）。同样，"旭、旮"的字根码一样(VJ)，但字型不一样，所以加上识别码后，编码也不相同了。

用户在使用识别码时，必须注意以下几个问题：

（1）对于字根"九、刀、力、匕"，鉴于这些字根的笔顺因人而异，五笔字型输入法特别规定：当它们参加"识别码"时，一律以折笔"乙"作为末笔。例如：

叨：口 刀（末笔为乙，1型，识别码为 N（51），编码为 KVN）

仇：亻九（末笔为乙，1型，识别码为 N（51），编码为 WVN）

（2）对于有些带"框"或带"走"之底的杂合结构字，如"囚、建、连、赶"等，因为是一个部分被另一部分包围，规定：取被包围部分的末笔作为编码的"末笔"。例如：

囚：口 人（末笔为丶，字型为3型，识别码为 I（43），编码为 LWI）

连：车 辶（末笔为丨，字型为3型，识别码为 K（23），编码为 LPK）

（3）"戈""㦮""成""戊"等字的"末笔"遵从"从上到下"的原则，一律规定撇"丿"为其末笔。例如：

戈：戈 一 乙 丿（AGNT 成字字根，先打键名，再取1、2、末笔画）

㦮：㦮 一 一 丿（GGGT 成字字根，先打键名，再取1、2、末笔画）

戊：厂 乙 丶 丿（DNYT 第一、二、三、末字根）

（4）单独点：对于"义、勺"等字中的"单独点"离字根的距离很难确定，可远可近，我们干脆认为这种"单独点"与其附近的字根是"相连"的。既然"连"在一起，便属于杂合型（3型）。其中"义"的笔顺还需按上述"从上到下"的原则，认为是"先点后撇"。例如：

义：丶 乂（末笔为"乀"，3型，43即为识别码，YQI）

勺：勹 丶（末笔为"丶"，3型，43即为识别码，QYI）

（5）以下各字为杂合型：司、床、厅、龙、尼、式、后、反、处、办、皮、习、死、疗、压等，但相似的右、左、看、者、布、包、友、冬、灰等视为上下型。

5. 容易拆错的汉字

使用五笔字型输入法输入汉字时，初学者对以下汉字的拆分最容易弄错。其实，这些字最能考察对五笔字型编码规则理解和掌握的程度。现将这些"难"字分类列出编码，并附上注释，供用户练习和参考。其中，不足四个字根的带识别码，并用"【　】"标注。

（1）键名和成字字根

八：八 丿 乀	（34 31 41	WTY）	成字字根
田：田 田 田 田	（24 24 24 24	LLLL）	键名字
果：日 木	（22 14	JS）	杂合型
贝：贝 丨 乙 丶	（45 21 51 41	MHNY）	成字字根
干：干 一 一 丨	（12 11 11 21	FGGH）	成字字根
早：早 丨 乙 丨	（22 21 51 21	JHNH）	成字字根
辛：辛 丶 一 丨	（42 41 11 21	UYGH）	成字字根
虫：虫 丨 乙 丶	（22 21 51 41	JHNY）	成字字根
竹：竹 丿 一 丨	（31 31 11 21	TTGH）	成字字根
犬：犬 一 丿 丶	（13 11 31 41	DGTY）	成字字根

（2）取码规则

于：一 十	（11 12	GF）	能连不交
午：丿 十 【丨】	（31 12 22	TFJ）	能散不连、末笔竖
年：𠂉 丨 十 【丨】	（32 21 12 23	RHFK）	书写顺序、取大优先
牛：𠂉 丨 【丨】	（32 21 23	RHK）	取大优先、末笔竖
矢：丿 大 【丶】	（31 13 42	TDU）	能散不连
失：𠂉 人	（32 34	RW）	取大优先
末：一 木	（11 14	GS）	兼顾直观
未：二 小 【丶】	（12 43 43	FII）	取大优先
龙：𠂇 匕	（13 55	DX）	取大优先
严：一 业 厂	（11 44 13	GOD）	能散不连

（3）识别码

尤：𠂇 乙 【乙】	（13 51	DNV）	取大优先、末笔折

元:二 儿【乙】　　(12 35 52　FQB)　　　能散不连、末笔折

万:プ 乙【乙】　　(13 51 53　DNV)　　　取大优先

勺:勹 丶【丶】　　(35 41 43　QYI)　　　末笔点

(4) 书写顺序

平:一 丷 丨　　　(11 42 21　GUH)　　　取大优先

半:丷 十　　　　(42 12　UF)　　　　　取大优先

与:一 乙 一　　　(11 51 11　GNG)　　　书写顺序

书:乙 乙 丨 丶　　(51 51 21 41　NNHY)　书写顺序

片:丿 丨 一 乙　　(31 21 11 11　THGN)　书写顺序

义:丶 乂　　　　(41 35　YQ)　　　　　从上到下

毛:丿 二 乙　　　(31 12 51　TFN)　　　取大优先

才:十 丿　　　　(12 31　FT)　　　　　竖钩为竖

长:丿 七 丶　　　(31 15 41　TAY)　　　书写顺序

世:廿 乙　　　　(15 51　AN)　　　　　取大优先

身:丿 冂 三　　　(31 25 13　TMD)　　　取大优先

垂:丿 一 卅 士　　(31 11 15 12　TGAF)　取大优先

曲:冂 卅　　　　(25 15　MA)　　　　　取大优先

(5) 孤立点

州:丶 丿 丶 丨　　(41 31 41 21　YTYH)　书写顺序

承:了 三 八　　　(52 13 43　BDI)　　　书写顺序

永:丶 乙 八　　　(41 51 43　YNI)　　　书写顺序

离:文 凵 冂 厶　　(41 52 25 54　YBMC)　取大优先

(6) 变形字根

越:土 龰 匚 丿　　(12 21 15 31　FHAT)　末笔为丿

印:㇖ 一 卩　　　(35 11 52　QGB)　　　㇖在Q键

乐:㇖ 小　　　　(35 43　QI)　　　　　㇖在Q键

段:亻 三 几 又　　(34 13 25 54　WDMC)

予:マ 卩【丨】　　(54 52 22　CBJ)　　　末笔为丨

鸟:勹 丶 乙 一　　(35 41 51 11　QYNG)

敝:丷 冂 小 攵　　(42 25 43 31　UMIT)

恭:卅 八 小【丶】(15 34 51　AWNU)　　　小不是小

曳：日 匕【丿】　　　（22 55 33　JXE）　　　　　末笔是丿

鬼：白 儿 厶　　　　（32 35 54　RQC）

考：土 丿 一 乙　　　（12 31 11 51　FTGN）

貌：⺭ 勹 白 儿　　　（33 33 32 35　EERQ）

（7）点和末笔

或：戈 口 一　　　　（15 23 11　AKG）　　　　杂合型末笔横

栽：十 戈 木　　　　（12 15 14　FAS）　　　　杂合型末笔捺

武：一 弋 止　　　　（11 15 21　GAH）　　　　杂合型末笔横

低：亻 匚 七 丶　　　（34 35 15 41　WQAY）　　匚是字根在 Q 键

派：氵 厂 K　　　　（43 32 33　IRE）　　　　　厂是字根在 R 键

飞：乙 冫【丶】　　　（51 42 43　NUI）　　　　杂合型

每：⺈ 勹 一 冫　　　（31 55 11 42　TXGU）　　先横后点

抓：扌 厂 丨 丶　　　（32 32 21 41　RRHY）　　末笔捺

官：宀 コ 丨 コ　　　（45 51 21 51　PNHN）　　书写顺序

母：勹 一 冫　　　　（55 11 42　XGU）　　　　先横后点

（8）一二三末

禹：丿 口 冂 丶　　　（31 23 25 41　TKMY）　　一二三末

薄：艹 氵 一 寸　　　（15 43 11 12　AIGF）　　甫拆一月

渤：氵 十 ⺆ 力　　　（43 12 45 24　IFPL）

鬻：弓 米 弓 丨　　　（55 45 55 21　XPXH）　　末笔为丨

瀛：氵 亠 乙 丶　　　（43 41 51 41　IYNY）　　亡拆亠乙

（9）拆末笔

力：力 丿 乙　　　　（24 31 51　LTN）　　　　先丿后乙

九：九 丿 乙　　　　（53 31 51　VTN）　　　　先丿后乙

刀：刀 乙 丿　　　　（53 51 31　VNT）　　　　先乙后丿

方：方 丶 一 乙　　　（41 41 11 51　YYGN）　　末笔为乙

戈：戈 一 乙 丿　　　（15 11 51 31　AGNT）　　末笔为丿

戋：戋 一 一 丿　　　（11 11 11 31　GGGT）　　末笔为丿

（10）其他疑难

凹：几 冂 一【一】　　（25 25 11 13　MMGD）　　书写顺序

凸：丨 一 几 一　　　（21 11 25 11　HGMG）　　书写顺序

3

革：廿 由	（15 12　AF）	由在 F 键
骨：冎 月	（25 33　ME）	冎在 M 键
舟：丿 舟【丶】	（31 33 33　TEI）	舟在 E 键
套：大 镸【丶】	（13 13 42　DDU）	镸是字根，在 D 键
登：癶 一 口 䒑	（34 11 23 42　WGKU）	癶形同八，在 W 键
牙：匚 丨 丿	（15 21 31　AHT）	首字根为匚
肃：彐 小 刂	（53 43 22　VIJ）	末字根为刂
兼：䒑 彐 业	（42 53 44　UVO）	末字根为业
既：彐 厶 匚 儿	（53 54 15 35　VCAQ）	末字根为儿
舞：𠂇 川 一 丨	（32 24 11 21　RLGH）	首字根为𠂇
甩：月 乙	（33 51　EN）	首字根为月

📖 **知识拓展** —————————————————————————→

1. 五笔字型编码歌

为了帮助记忆并便于练习，王永民先生特将"五笔字型"编码的主要规则编成歌谣，希望能对读者有用：

五笔字型均直观，依照笔顺把码编；

键名汉字打四下，基本字根请照搬；

一二三末取四码，顺序拆分大优先；

不足四码要注意，交叉识别补后边。

这首歌谣概括了五笔字型输入编码的以下几项原则：

（1）取码顺序依照从左到右、从上到下、从外到内的书写顺序（依照笔顺把码编）。

（2）按四个键可直接输入键名汉字（键名汉字打四下）。

（3）字根数为四或大于四时，按一、二、三、末字根顺序取四码（一二三末取四码）。

（4）不足四个字根时，打完字根后，补末笔识别码于尾部。该情况下，码长为 3 或 4（不足四码要注意，交叉识别补后边）。

（5）歌谣中"基本字根请照搬"和"顺序拆分大优先"是拆分原则，表示在拆分中以基本字根为单位，并且在拆分时"取大优先"，尽可能先拆出了笔画最多的字根。

2. 汉字编码流程图

将五笔字型输入法对各种汉字进行编码输入的规则画成一张逻辑图，就形成了如图 3-2-7 所示的汉字编码流程图，这幅图一目了然，是五笔字型输入法编码的"总路线"，编码拆分的各项规则尽在其中，按照这幅图进行学习和训练，可以思路清晰地进行汉字拆分。

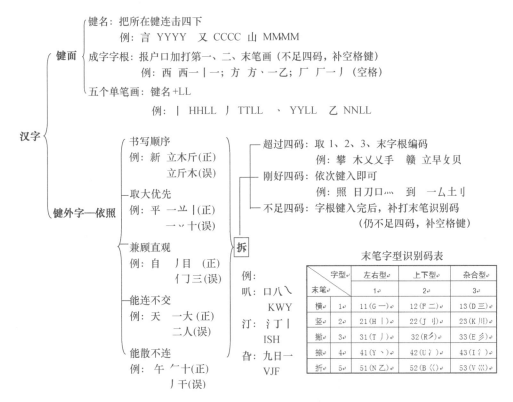

图 3-2-7   汉字编码流程图

📖 同步练习

1. 按照五笔字型的拆分原则把下列汉字拆成基本字根，并写出汉字编码。

例如：标（木 二 小 SFI）

鼠（   ）   需（   ）   作（   ）

显（   ）   物（   ）   特（   ）

基（   ）   氏（   ）   随（   ）

掉（   ）   弱（   ）   眍（   ）

闵 (	)	酷 (	)	兴 (	)
先 (	)	凯 (	)	迅 (	)
精 (	)	黔 (	)	浩 (	)
硅 (	)	傻 (	)	状 (	)
凹 (	)	敲 (	)	型 (	)
凸 (	)	滴 (	)	幸 (	)

2. 常用汉字编码练习（要求写全码，不足四码补识别码）。

例如：格（STKG） 月（EEEE）

高 (	)	就 (	)	整 (	)	般 (	)
革 (	)	县 (	)	圆 (	)	祥 (	)
毫 (	)	铁 (	)	轴 (	)	试 (	)
断 (	)	防 (	)	非 (	)	降 (	)
影 (	)	被 (	)	效 (	)	续 (	)
联 (	)	述 (	)	着 (	)	德 (	)
感 (	)	磨 (	)	等 (	)	紧 (	)
维 (	)	重 (	)	特 (	)	场 (	)

任务 3-3 五笔字型的简码

📖 任务描述

在使用五笔字型输入法进行汉字单字录入的前提下，进一步提高用五笔录入汉字单字的速度。

📖 问题引导

上一任务中，我们学习了五笔输入法的基本使用方法，与拼音输入法相比，有些同学可能会觉得输入汉字的速度不够快。那么有什么方法可以提高五笔字型输入法的输入速度呢？

📖 **知识学习** ⟶

1. 一级简码。
2. 二级简码。
3. 三级简码。

📖 **任务实施** ⟶

国标一、二级汉字共计 6 763 个，其中最常用的有 1 000~2 000 个。为提高汉字输入速度，五笔字型采用简化取码的方式，将大量的常用汉字输入码进行了简化。经过简化后，汉字输入码只取其全码的前一个、前两个或前三个字根码，称为简码。利用简码输入汉字可使击键次数大大减少，从而大幅度地提高汉字录入速度。

简码汉字共分三级：一级简码、二级简码和三级简码。简码的级数越低，汉字的使用频度越高。

1. 一级简码

一级简码共有 25 个，有规律地分布在 5 个键位分区的 25 个键位上，每个键位安排一个使用频率最高的汉字，称为"高频字"，即一级简码。

一级简码的具体键位分布如图 3-3-1 所示。

图 3-3-1　一级简码键位分布图

其输入方法最简单：只需点击对应的字母键，再击一次空格键即可。

例如：输入"工"字，只需要单击一下"A"键，再按一下空格键即可完成，如图 3-3-2 所示。

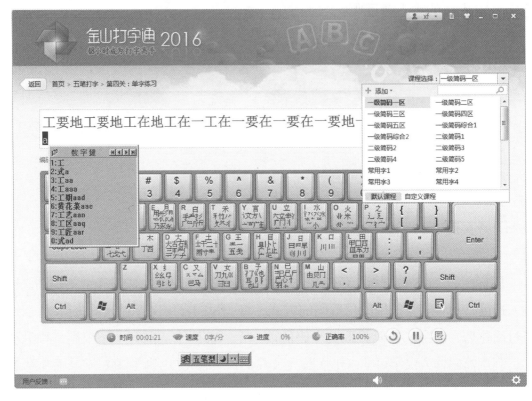

图 3-3-2　一级简码练习

一级简码字量较少，以记忆为主，加上必要的练习即可达到熟练应用。我们可以借助"金山打字通 2016"等进行一级简码的练习，与五笔字根的练习类似，先进行分区练习，再进行综合练习，目标要求是速度在 80 字/分钟以上，正确率在 95% 以上。

2. 二级简码

二级简码由单字全码的前两个字根码组成。25 个键位，共有 25×25 = 625 种组合，因而可以安排 625 个二级简码汉字。这类汉字在常用应用文中的出现频度可达 60%，因此应对二级简码字重点练习。

二级简码的编码只取全码中的第 1、2 个字根码，再击一下空格键。例如：

曾　全码是 ULJF　简码是 UL［空格］　　（如图 3-3-3 所示）

笔　全码是 TTFN　简码是 TT［空格］

物　全码是 TRQR　简码是 TR［空格］

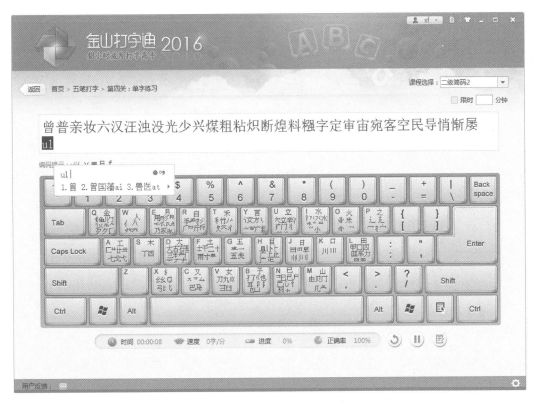

图 3-3-3　二级简码练习

王码五笔（86 版）二级简码见表 3-3-1。

表 3-3-1　二级简码表

区号	位号	横　位					竖　位					撇　位					捺　位					折　位				
		G F D S A					**H J K L M**					**T R E W Q**					**Y U I O P**					**N B V C X**				
横区	G	五于天末开					下理事画现					玫珠表珍列					玉平不来★					与屯妻到互				
	F	二寺城霜载					直进吉协南					才垢圾夫无					坟增示赤过					志地雪支★				
	D	三夯大厅左					丰百右历面					帮原胡春克					太磁砂灰达					成顾肆友龙				
	S	本村枯林械					相查可楞机					格析极检构					术样档杰棕					杨李要权楷				
	A	七革基苛式					牙划或功贡					攻匠菜共区					芳燕东★芝					世节切芭药				
竖区	H	睛睦睚盯虎					止旧占卤贞					睡睥肯具餐					眩瞳步眯瞎					卢★眼皮此				
	J	量时晨果虹					早昌蝇曙遇					昨蝗明蛤晚					景暗晃显晕					电最归紧昆				
	K	呈叶顺呆呀					中虽吕另员					呼听吸只史					嘛啼吵噗喧					叫啊哪吧哟				
	L	车轩因困轼					四辊加男轴					力斩胃办罗					罚较★辚边					思团轨轻累				
	M	同财央朵曲					由则★崭册					几贩骨内风					凡赠峭赕迪					岂邮★凤嶷				

续表

区号	位号	横　位 GFDSA	竖　位 HJKLM	撇　位 TREWQ	捺　位 YUIOP	折　位 NBVCX
撇区	T	生行知条长	处得各务向	笔物秀答称	入科秒秋管	秘季委么第
	R	后持拓打找	年提扣押抽	手折扔失换	扩拉朱搂近	所报扫反批
	E	且肝须采肛	胚胆肿肋肌	用遥朋脸胸	及胶腔膦爱	甩服妥肥脂
	W	全会估休代	个介保佃仙	作伯仍从你	信们偿伙★	亿他分公化
	Q	钱针然钉氏	外旬名甸负	儿铁角欠多	久勺乐炙锭	包凶争色★
捺区	Y	主计庆订度	让刘训为高	放诉衣认义	方说就变这	记离良充率
	U	闰半关亲并	站间部曾商	产瓣前闪交	六立冰普帝	决闻妆冯北
	I	汪法尖洒江	小浊澡渐没	少泊肖兴光	注洋水淡学	沁池当汉涨
	O	业灶类灯煤	粘烛炽烟灿	烽煌粗粉炮	米料炒炎迷	断籽娄烃糯
	P	定守害宁宽	寂审宫军宙	客宾家空宛	社实宵灾之	官字安★它
折区	N	怀导居★民	收慢避惭届	必怕★愉懈	心习悄屡忱	忆敢恨怪尼
	B	卫际承阿陈	耻阳职阵出	降孤阴队隐	防联孙耿辽	也子限取陛
	V	姨寻姑杂毁	叟旭如舅妯	九★奶★婚	妨嫌录灵巡	刀好妇妈姆
	C	骊对参骠戏	★骒台劝观	矣牟能难允	驻骈★×驼	马邓艰双★
	X	线结顷★红	引旨强细纲	张绵级给约	纺弱纱继综	纪弛绿经比

在表 3-3-1 中，我们会看到非常熟悉的键名字、成字字根和一级简码等，表中有的字简单，有的字结构比较复杂。另外，表中还有两种特殊符号，表 3-3-2 列出其相关含义和输入建议。

表 3-3-2　二级简码表中特殊符号相关的含义和输入建议

汉字类型	汉字或编码	举例	全码	二级简码	输　入　建　议
键名字	大、立、水、之、子（5个）	大	DDDD	DD	二级简码
成字字根	二、三、四、五、六、七、九、早、车、力、手、方、小、米、由、几、心、也、马、用（20个）	用	ETNH	ET	二级简码

续表

汉字类型	汉字或编码	举例	全码	二级简码	输 入 建 议
一级简码	不、地、要、中、同、主、为、这、产、民、经（11 个）	经	XCA	X	单字用一级简码，词组用二级简码
二字根	少、耻、汪、夫等	耻	BHG	BH	二码输入，多记忆
多字根	餐、舅、睡、哪、笔、肆等	餐	HQCE	HQ	二码输入，多练习
无字二码	HB、MV、CO（3 个）	HB	无字或词可输入（以×表示）	了解	
二码词组	GP、FX、AO、LI、MK、WP、QX、PC、NE、NS、VR、VW、CH、CI、CX、XS	FX	输入词组"发现"（以★表示）	记住，可实现快速输入词组	

3. 三级简码

三级简码由全码的前三个字根码组成，共有 4 400 多个，输入时只需输入汉字的前三个字根代码，再加一个空格键即可。虽然加空格键并没有减少总的击键次数，但因为省略了最末一个字根或识别码，故可达到易学易用和提高输入速度的目的。应用举例见表 3-3-3。

表 3-3-3　三级简码举例

汉 字	全 码	简 码	汉 字	全 码	简 码
颈	CADM	CAD	娘	VYVE	VYV
拔	RDCY	RDC	摆	RLFC	RLF
宾	PRGW	PRG	答	TWGK	TWG
雌	HXWY	HXW	睡	HTGF	HTG

在五笔字型编码方案中，由于具有各级简码的汉字总数已有 5 000 多个，它们已占据常用汉字中绝大多数，这使得编码输入变得非常简明、直观。若能熟练运用，可以大大提高输入速度。

📖 **拓展练习** ────────────────────────────→

1. 一级简码精选练习材料

① 日产、金子、工人、山水、女子、大水、田地、土地、已经、一同、

3

是的、发白。

② 发大水、我以为、一口人、一口水、我以为、要大上。

③ 目不是木、和不是禾、我是中国人、我为人民、中国的土地、山中有女子、金木水火土。

④ 主要目的是为了人民、在中国的土地上、中国和日月同在、王要和王民同是中国人。

2. 二级简码精选练习材料

二级汉字，六百多个，加强记忆，要用方法；立志成为，打字高手，最好强记，这张列表。

年少志大，要立基业，爱好科学，用功学习；计划过细，切入实际，争分夺秒，节约时间。

艰难曲折，岂肯作休，克服困难，不断进取；生物化学，电磁机械，公式原理，无所不知。

学术水平，相当高级，笔答面说，夺第一名；普及科知，充当主角，成果明显，杰出天才。

良好表现，不凡功业，得到社会，极度肯定；空前无比，天下闻名，史册载录，百世芳名。

李权玉凤，定亲结婚，亲朋宾客，前来庆兴；叟姆化妆，闪绿衣服，红粉粘脸，委增丰采。

 ## 任务 3-4　五笔字型词组输入

📖 **任务描述**

五笔字型提供词组的输入方式，即根据组成词组的汉字的书写特征，对词组进行编码，从而实现直接输入词组的目的。五笔字型词组编码以四码为原则，无论词组由多少个汉字组成，词组录入的编码只取四个编码，反言之，可以用输入四个编码的方式来达到输入一个词组的目的。

📖 **问题引导**

一种好的输入法要满足两个基本的要求：重码率低和输入效率高。采用词组输入方式能大大提高五笔字型输入法的录入速度。

📖 **知识学习**

1. 二字词的录入。
2. 三字词的录入。
3. 四字词的录入。
4. 多字词的录入。

📖 **任务实施**

根据组成词组汉字数量的多少，词组输入方式分为二字词录入、三字词录入、四字词录入和多字词录入。

1. 二字词的录入

（1）录入方法

按顺序输入词组的每个汉字的单字编码的第 1、2 个字根，组成四码。

（2）应用举例

提高：扌　日　　亠　冂　编码为 RJYM（录入的字根如图 3-4-1 所示）

图 3-4-1　"提高"的五笔取码

先后：丿　土　　厂　一　编码为 TFRG

游客：氵　方　　宀　夂　编码为 IYPT

方式：方　丶　　弋　工　编码为 YYAA

（3）二字词实训练习

将下列"二字词"的词组编码写到表 3-4-1 中，并上机验证编码的正确性。

表 3-4-1　二字词的五笔编码

二字词	五笔编码	二字词	五笔编码	二字词	五笔编码
排版		技术		会议	
新闻		习惯		手机	
爱好		每天		元宵	
国庆		方法		教师	
工人		元旦		更改	
格式		邮件		学生	
妻子		锻炼		理想	
复制		父母		春天	

2. 三字词的录入

（1）录入方法

按顺序输入第一、二个汉字的第一个字根和第三个汉字的前两个字根，组成四码。

（2）应用举例

解放军：ク 方 冖 车　编码为 QYPL（录入的字根如图 3-4-2 所示）

图 3-4-2　"解放军"的五笔取码

西红柿：西 纟 木 一　编码为 SXSY

计算机：讠 ⺮ 木 几　编码为 YTSM

科学家：禾 ⺍ 宀 豕　编码为 TIPE

电冰箱：日 冫 ⺮ 木　编码为 JUTS

（3）三字词实训练习

将下列"三字词"的词组编码写到表 3-4-2 中，并上机验证编码的正确性。

表 3-4-2　三字词的五笔编码

三字词	五笔编码	三字词	五笔编码	三字词	五笔编码
出版社		编辑部		湖北省	
研究所		恶作剧		二进制	
人民币		主席团		马后炮	
口头禅		里程碑		东道主	
紧箍咒		安乐窝		泼冷水	
电视剧		跑龙套		程序员	
笑呵呵		空荡荡		热水器	
花露水		价值观		碰钉子	
立交桥		武汉市		万年历	

3. 四字词的录入

（1）录入方法

按顺序输入每个汉字的第一个编码，组成四位编码。

（2）应用举例

刻舟求剑：亠、丿、十、人　编码为 YTFW（录入的字根如图 3-4-3 所示）

图 3-4-3　"刻舟求剑"的五笔取码

万事如意：厂、一、女、立　编码为 DGVU

表里如一：丰、日、女、一　编码为 GJVG

锦上添花：钅、上、氵、艹　编码为 QHIA

心平气和：取"心、一、乍、禾"四个字根，编码为 NGRT

（3）四字词实训练习

将下列"四字词"的词组编码写到表 3-4-3 中，并上机验证编码的正确性。

表 3-4-3　四字词的五笔编码

四字词	五笔编码	四字词	五笔编码	四字词	五笔编码
冰雪聪明		两袖清风		上善若水	
孜孜不倦		走马观花		事半功倍	
欢呼雀跃		博大精深		妙语连珠	
心想事成		马到成功		持之以恒	
口若悬河		肝胆相照		万事如意	
醍醐灌顶		有条不紊		囫囵吞枣	
前程似锦		锦上添花		出类拔萃	
才华横溢		锲而不舍		追本溯源	
雷厉风行		威风凛凛		福星高照	
光明磊落		集思广益		兴高采烈	

4. 多字词的录入

（1）录入方法

"多字词录入"是指由 5 个或 5 个以上汉字组成的词语的录入，录入时按顺序输入前三个字以及最后一个汉字的第一个编码，组成四位编码。

（2）应用举例

中华人民共和国：取"中、华、人、国"四个字的第一个字根"口、亻、人、口"编码为 KWWL（录入的字根如图 3-4-4 所示）

图 3-4-4　"中华人民共和国"的五笔取码

百闻不如一见：取"百、闻、不、见"四个字的第 1 个字根"丆、门、
　　　　　　一、冂"编码为 DUGM

（3）多字词实训练习

将下列"多字词"的词组编码写到对应的括号中，并上机验证编码的正确性。

说明：我们在进行汉字录入练习时，必须注意这一点：五笔字型输入软件中收录的"多字词"的数量并不是很多，一些常用的"多字词"根本没有收录为词组。为了提高录入的效率，我们可以把常用且已经收录的"多字词"进行适当地记忆，从而减少一些无谓的尝试。

中国共产党（　　　　）　　　　中国人民解放军（　　　　）

人民代表大会（　　　　）　　　　桃李满天下（　　　　）

快刀斩乱麻（　　　　）　　　　人不可貌相（　　　　）

习惯成自然（　　　　）　　　　无风不起浪（　　　　）

吃力不讨好（　　　　）　　　　群起而攻之（　　　　）

照葫芦画瓢（　　　　）　　　　知子莫若父（　　　　）

真金不怕火炼（　　　　）　　　　山高皇帝远（　　　　）

行行出状元（　　　　）　　　　坐山观虎斗（　　　　）

功到自然成（　　　　）　　　　可望而不可即（　　　　）

脚踏两只船（　　　　）　　　　民以食为天（　　　　）

📖 知识拓展

"五笔字型输入法"是基于汉字的字型特征的一种录入方法，在使用"五笔字型输入法"录入汉字时，无论是单字的录入，还是词组的录入，必须知道汉字的书写形式，才能实现汉字的录入，而我们在进行汉字录入时，难免碰到极个别不会书写的汉字，这时候可以借助其他的汉字输入法（如拼音输入法）来实现单字的录入或词组的录入。

词组录入方式可以大大提高"五笔字型输入法"录入汉字的效率。一般来讲，在对五笔字型输入法掌握较为熟练以后，能用词组录入汉字时，尽量不用单字录入汉字，因为词组录入可以简化汉字录入过程，提高汉字录入效率。首先，词组录入方式减少了击键次数，单字编码是以四码为原则，词组编码也

3

是以四码为原则，但是单字录入时，我们输入四个编码时，一般只能得到一个汉字，而词组录入方式输入四个编码可以得到多个汉字；其次，在词组录入时，一般只要能确认相关单字的第一个、第二个编码就行了，往往不需要完整地去分析每一个汉字的组成结构、拆分方式和编码；另外，在进行单字录入时，有一部分汉字需要补"交叉识别码"，而补"交叉识别码"是学习五笔字型输入法的一个"难点"，而在进行词组录入时，一般只需要知道单字的第一个、第二个编码就行了，可以省去了补"交叉识别码"的过程。

"五笔字型输入法"是一种汉字录入方法，它不等同于汉字录入软件。目前，可以支持五笔字型输入法的软件有很多种，例如五笔字型 86 版、五笔字型 98 版、极点五笔、万能五笔、QQ 五笔、搜狗五笔等，这些输入法软件是个人或企业所开发的五笔输入法软件，它们的功能基本相同，都能够实现以单字或词组的方式进行汉字的录入。但不同版本的五笔字型输入法软件所包含的词组量是不同的，有的五笔输入软件词组的量比较大，录入词组比较方便，而在使用时重码率较高，在进行词组录入时，往往需要在重码中选择所需要的单字或词组；有的输入软件收录的词组较少，一些使用频率不是很高的词组没有收录为该输入软件的五笔字型词组，在输入时，即使我们按照规则正确地对词组进行了编码，也不能得到相应的词组，这时候我们只能以单字录入的方式来录入词组。

 # 任务 3-5　文档的录入

📖 任务描述

利用五笔字型输入法进行文档录入的综合练习，通过一定量的文档录入练习达到巩固提高五笔字型输入法学习的目标。

📖 问题引导

要想熟练地掌握五笔字型输入法，必须进行大量的汉字录入练习，并在练习的过程中，有意识地关注一些自己不会录入的汉字或词组，并耐心地记下来，通过查资料等方式进一步搞清楚这些汉字或词组的正确编码方式。

📖 知识学习

完成一定量的文档录入练习，提升文字录入的准确率和速度。

📖 任务实施

1. 文档录入的基本要求

在进行文档录入时，考核我们录入水平的技能指标主要有两个："准确率"和"速度"。在进行文档录入时，录入的准确率一般不得低于98%，且应尽量达到100%，录入速度应达到45字/分钟以上，熟练的汉字录入人员在利用五笔字型输入法录入汉字时，其汉字录入速度可以达到或超过120字/分钟。当然，在我们初始学习五笔字型输入法时，在录入速度方面可以适当降低要求，而应重点关注汉字录入的准确率，在经过一定量的练习以后，准确率和速度均会得到有效提升。

2. 利用五笔字型输入法进行文档录入练习

请打开一种文字编辑软件，如 Word 2016，再选择一种五笔字型输入法软件，录入下列文章。在录入过程中，如有暂时不能正确输入的汉字或词组，可以先跳过去，并将这些字或词写在文档后面指定的区域，然后集中分析它们的拆分方式和编码方法。

（1）练习 1

鲁　班

鲁班是我国古代的一位发明家。两千多年来，他的名字和有关他的故事，一直在民间广为流传。鲁班，本姓公输，名般，因世居鲁国，"班"与"般"音同，所以"鲁班"成了我们最熟悉的称谓。最早记录下鲁班的名字，并且明确指出他就是公输般的是东汉末年的两位经学家，赵岐在注释《孟子·离娄篇》"公输子之巧，不以规矩，不能方圆"时说："公输子，鲁班，鲁之巧

3

人也；或以为鲁昭公之子"；东汉另一位经学家高诱在《吕氏春秋注》中说得更加明白："公输，鲁班之号"。

鲁班一生发明创造很多，木工使用的很多工具都是鲁班发明的，如：锯、刨、锛、锉、凿、钻、铲、曲尺、墨斗等工用器具，又如：碾、磨、风箱等生活器具，还有木鹊飞鸢、鲁班锁、起吊器械、木人木马等仿生机械以及云梯、钩强等军用器具。鲁班发明的木鹊飞鸢是一种以竹木为材的飞翔器械，被誉为我国最早的航天器。这种以竹木做成的鹊，类似现代的"竹蜻蜓"或"飞机模型"。鲁班锁，是中国古代传统的土木建筑固定结合器，它起源于中国古代建筑中首创的卯榫结构。鲁班还在卯榫结构的基础上发明了我国古建筑木质构件斗拱，在鲁国宫殿建筑中进行了成功的尝试，形成了华夏古建筑特有的逐层纵横交错叠加的飞檐反宇。

鲁班善于观察和思考，根据实际情况创造性地解决实际问题，极具首创精神。鲁班以其大量的发明创造影响、改变了人们的生活，他的发明创造世代相传、惠及四方，在中国科技史上做出了杰出的贡献。

文档中较难输入的汉字及其编码：＿＿＿＿＿＿＿＿＿＿＿＿＿＿＿＿

＿＿＿＿＿＿＿＿＿＿＿＿＿＿＿＿＿＿＿＿＿＿＿＿＿＿＿＿＿＿＿＿

＿＿＿＿＿＿＿＿＿＿＿＿＿＿＿＿＿＿＿＿＿＿＿＿＿＿＿＿＿＿。

文档中较难输入的词组及其编码：＿＿＿＿＿＿＿＿＿＿＿＿＿＿＿＿

＿＿＿＿＿＿＿＿＿＿＿＿＿＿＿＿＿＿＿＿＿＿＿＿＿＿＿＿＿＿＿＿

＿＿＿＿＿＿＿＿＿＿＿＿＿＿＿＿＿＿＿＿＿＿＿＿＿＿＿＿＿＿。

（2）练习2

绿　茶

绿茶是中国的主要茶类之一，是指采取茶树的新叶或芽，经杀青、整形、烘干等工艺而制作的饮品。其制成品的色泽和冲泡后的茶汤较多地保存了鲜茶叶的绿色格调。

绿茶保留了鲜叶的天然物质，含有茶多酚、儿茶素、叶绿素、咖啡碱、氨基酸、维生素等成分。绿茶对防衰老、防癌、抗癌、杀菌、消炎等具有特殊效果，是其他茶类所不及的。绿茶有助于延缓衰老，茶多酚具有很强的抗氧化性和生理活性，是人体自由基的清除剂。研究证明 1 mg 茶多酚清除对人肌体有害的过量自由基的效能相当于 9 μg 超氧化物歧化酶，大大高于其他同类物质。

茶多酚有阻断脂质过氧化反应，清除活性酶的作用。绿茶中的茶多酚是水溶性物质，用它洗脸能清除面部的油腻，收敛毛孔，具有消毒、灭菌、抗皮肤老化，减少日光中的紫外线辐射对皮肤的损伤等。绿茶中的咖啡碱能促使人体中枢神经兴奋，增强大脑皮层的兴奋过程，起到提神益思、清心的效果。绿茶有助于利尿解乏，茶叶中的咖啡碱可刺激肾脏，促使尿液迅速排出体外，提高肾脏的滤出率，减少有害物质在肾脏中滞留时间。绿茶中的咖啡碱还可排除尿液中的过量乳酸，有助于使人体尽快消除疲劳。绿茶中含强效的抗氧化剂以及维生素 C，不但可以清除体内的自由基，还能分泌出对抗紧张压力的荷尔蒙。绿茶中所含的少量的咖啡因可以刺激中枢神经、振奋精神。绿茶有助于降脂助消化，唐代《本草拾遗》中对茶的功效有"久食令人瘦"的记载。茶叶有助消化和降低脂肪的重要功效，是由于茶叶中的咖啡碱能提高胃液的分泌量，可以帮助消化。

　　文档中较难输入的汉字及其编码：＿＿＿＿＿＿＿＿＿＿＿＿＿

＿＿＿＿＿＿＿＿＿＿＿＿＿＿＿＿＿＿＿＿＿＿＿＿＿＿＿＿＿

＿＿＿＿＿＿＿＿＿＿＿＿＿＿＿＿＿＿＿＿＿＿＿＿＿＿＿＿。

　　文档中较难输入的词组及其编码：＿＿＿＿＿＿＿＿＿＿＿＿＿

＿＿＿＿＿＿＿＿＿＿＿＿＿＿＿＿＿＿＿＿＿＿＿＿＿＿＿＿＿

＿＿＿＿＿＿＿＿＿＿＿＿＿＿＿＿＿＿＿＿＿＿＿＿＿＿＿＿。

（3）练习 3

京　　剧

　　"京剧"是我国影响最大的戏曲剧种，被视为中国国粹。

　　京剧舞台艺术在文学、表演、音乐、唱腔、锣鼓、化妆、脸谱等各个方面，通过无数艺人的长期舞台实践，构成了一套互相制约、相得益彰的格律化和规范化的程式。它作为创造舞台形象的艺术手段是十分丰富的，而手法又是十分严格的。京剧所表现的生活领域宽，所要塑造的人物类型多，对其技艺的全面性、完整性要求也更严，对它创造舞台形象的美学要求也更高。它的表演艺术更趋于虚实结合的表现手法，最大限度地超脱了舞台空间和时间的限制，以达到"以形传神，形神兼备"的艺术境界。表演上要求精致细腻、处处入戏；唱腔上要求悠扬委婉、声情并茂；武戏则不以火爆勇猛取胜，而以"武戏文唱"见佳。

3

京剧表演的四种艺术手法：唱、念、做、打，也是京剧表演四项基本功。"唱"指歌唱，"念"指具有音乐性的念白，二者相辅相成，构成歌舞化的京剧表演艺术两大要素之一的"歌"。"做"指舞蹈化的形体动作，"打"指武打和翻跌的技艺，二者相互结合，构成歌舞化的京剧表演艺术两大要素之一的"舞"。戏曲演员从小就要从这四个方面进行训练，虽然有的演员擅长唱功（老生），有的行当以做功（花旦）为主，有的以武打为主（武净）。但是要求每一个演员必须有过硬的唱、念、做、打四种基本功。只有这样才能充分地发挥京剧的艺术特色，更好地表现和刻画戏中的各种人物形象。京剧有唱，有舞，有对白，有武打，有各种象征性的动作，是一种高度综合性的艺术。

文档中较难输入的汉字及其编码：＿＿＿＿＿＿＿＿＿＿＿＿＿

＿＿＿＿＿＿＿＿＿＿＿＿＿＿＿＿＿＿＿＿＿＿＿＿＿＿＿＿＿

＿＿＿＿＿＿＿＿＿＿＿＿＿＿＿＿＿＿＿＿＿＿＿＿＿＿＿＿＿。

文档中较难输入的词组及其编码：＿＿＿＿＿＿＿＿＿＿＿＿＿

＿＿＿＿＿＿＿＿＿＿＿＿＿＿＿＿＿＿＿＿＿＿＿＿＿＿＿＿＿

＿＿＿＿＿＿＿＿＿＿＿＿＿＿＿＿＿＿＿＿＿＿＿＿＿＿＿＿＿。

（4）练习 4

物 联 网

物联网是新一代信息技术的重要组成部分，也是信息时代的重要发展阶段。顾名思义，物联网就是"物物相连"的网络。这有两层意思：其一，物联网的核心和基础仍然是互联网，是在互联网基础上延伸和扩展的网络；其二，其用户端延伸和扩展到物与物之间，在物与物之间进行信息交换和通信，实现"物物相息"。物联网通过智能感知、识别技术与普适计算等通信感知技术，广泛应用于网络的融合中，也因此被称为继计算机、互联网之后世界信息产业发展的第三次浪潮。

在物联网应用中有三项关键技术：一是传感器技术，这也是计算机应用中的关键技术。大家都知道，到目前为止绝大部分计算机处理的都是数字信号。自从有计算机以来就需要传感器把模拟信号转换成数字信号之后计算机才能处理。二是 RFID 标签，这也是一种传感器技术，RFID 技术是融合了无线射频技术和嵌入式技术的一种综合技术，RFID 在自动识别、物品物流管理有着广阔的应用前景。三是嵌入式系统技术，这是集计算机软硬件、传感器技术、集成电路技术、电子应用技术为一体的复杂技术。经过几十年的演变，以嵌入式系统为特征的智能终端产品随处可见；小到人们身边的蓝牙耳机，大到航天航空的卫星系统。嵌入式系统正在改变着人们的生活，推动着工业生产以及国防工业的发展。如果把物联网用人体做一个简单比喻，那么传感器就相当于人的眼睛、鼻子、皮肤等感官，网络就是神经系统，用来传递信息，嵌入式系统则是人的大脑，在接收到信息后要进行分类处理。这个比喻形象地描述了传感器、嵌入式系统在物联网中的地位与作用。

文档中较难输入的汉字及其编码：_____

_____

_____。

文档中较难输入的词组及其编码：_____

_____

_____。

（5）练习 5

《我的空中楼阁》——李乐薇

山如眉黛，小屋恰似眉俏的痣一点。

十分清新，十分自然，我的小屋玲珑地立于山脊一个柔和的角度上。

世界上有很多已经很美的东西，还需要一些点缀，山也是。小屋的出现，点破了山的寂寞，增加了风景的内容。山上有了小屋，好比一望无际的水面飘过一片风帆，辽阔无边的天空掠过一只飞雁，是单纯的底色上一点灵动的色彩，是山川美景中的一点生气，一点情调。

小屋点缀了山，什么来点缀小屋呢？那是树！

山上有一片纯绿色的无花树，花是美丽的，树的美丽也不逊于花。花好比人的面庞，树好比人的姿态，树的美在于姿势的轻健或挺拔，苗条或婀娜，在于活力，在于精神！

有了这许多树，小屋就有了许多特点。树总是轻轻摇动着，树的动，显出小屋的静，树的高大，显出小屋的小巧；而小屋的别致出色，乃是由于满山皆树，为小屋布置了一个美妙的绿的背景。

小屋后面有一棵高过屋顶的大树，细而密的枝叶伸展在小屋的上面，美而浓的树荫把小屋笼罩起来，这棵树使小屋予人另一种印象，使小屋显得含蓄，而有风度。

换个角度，近看改为远观，小屋却又变换位置出现在另一些树的上面。这个角度是远远地站在山下看，首先看到的是小屋前面的树，那些树把小屋遮掩了，只在树与树之间露出一些建筑的线条，一角活泼翘起的屋檐，一排整齐的图案式的屋瓦，一片蓝，那是墙，一片白，那是窗。我的小屋在树与树之间若隐若现，凌空而起，姿态翩然。本质上，它是一幢房屋，形势上，却像鸟一样，蝶一样，憩于枝头，轻灵而自由！

小屋之小，是受了土地的限制，论"领土"，只有有限的一点，在有限的土地上，房屋比土地小，花园比房屋小，花园中的路又比花园小，这条小路是我袖珍型的花园大道；和"领土"相对的是"领空"，论"领空"，却又是无限的，足以举目千里，足以俯仰天地，左顾有山外青山，右盼有绿野阡陌。适于心灵散步眼睛旅行，也就是古人说的游目骋怀。这个无限大的"领空"，是我开放性的院子。

有形的围墙围住一些花，有紫藤、月季、喇叭花、圣诞红之类……天地相连的那一道弧线，是另一重无形的围墙，也围住一些花，那些花有朵状有片状，有红有白，有绚烂也有飘落，也许那是上帝玩赏的牡丹或芍药，我们叫它云或霞。

空气在山上特别清新，清新的空气使我觉得呼吸的是香！

光线以明亮为好，小屋的光线是明亮的，因为屋虽小，窗很多。例外的只有破晓或入暮，那时山上有一片微光，一片柔静，一片宁谧。小屋在山的环抱中，犹如在花蕊中一般，慢慢地花蕊绽开了一些，好像屋山后退了一些，山是不动的，那是光线加强了，是早晨来到了山中。

文档中较难输入的汉字及其编码：＿＿＿＿＿＿＿＿＿＿＿＿＿＿＿＿＿

＿＿＿＿＿＿＿＿＿＿＿＿＿＿＿＿＿＿＿＿＿＿＿＿＿＿＿＿＿＿＿＿。

文档中较难输入的词组及其编码：＿＿＿＿＿＿＿＿＿＿＿＿＿＿＿＿＿

＿＿＿＿＿＿＿＿＿＿＿＿＿＿＿＿＿＿＿＿＿＿＿＿＿＿＿＿＿＿＿＿。

⌨ **项目实训**

📖 **实训目的**

使用五笔字型输入法录入文章，培养手眼脑的协调能力，提高输入速度。

📖 **实训内容**

请对照以下内容，使用五笔字型输入法，输入文章，并填写实训评价表。

📖 **实训环境**

在"金山打字通 2016"中，选择五笔字型打字，在文章练习中选择一篇课程，并对照录入文章，记录时间、速度和正确率。在文章练习中设置自定义课程，内容为《九寨沟的四季》，具体内容如下，并对照录入文章，记录时间、速度和正确率。也可以另选其他文章进行练习。

📖 **实训评价表**

操作类型	用　　时	速　　度	正　确　率	易错汉字	备　　注
选择课程练习					
自定义课程练习					

九寨沟的四季

九寨沟的四季景色都十分迷人。春时嫩芽点绿，瀑流轻快；夏来绿荫围湖，莺飞燕舞；秋至红叶铺山，彩林满目；冬来雪裹山峦，冰瀑如玉。春日来临，九寨沟冰雪消融、春水泛涨，山花烂漫，远山的白雪映衬着童话世界，温柔而慵懒的春阳吻接湖面，吻接春芽，吻接你感动自然的心境……这是多么

3

美丽的季节，这是多么美丽的风景！夏日，九寨沟掩映在苍翠欲滴的浓荫之中，五色的海子，流水梳理着翠绿的树枝与水草，银帘般的瀑布抒发四季中最为恣意的激情，温柔的风吹拂经幡，吹拂树梢，吹拂你流水一样自由的心绪。秋天是九寨沟最为灿烂的季节，五彩斑斓的彩叶林倒映在明丽的湖水中。缤纷地落在湖光流韵间漂浮。悠远的晴空湛蓝而碧净，自然造化中最美丽的景致充盈眼底。冬日，九寨沟变得尤为宁静，尤为充满诗情画意。山峦与树林银装素裹，瀑布与湖泊冰清玉洁、蓝色湖面的冰层在日出日落的温差中，变幻着奇妙的冰纹，冰凝的瀑布间、细细的水流发出沁人心脾的乐音。

项目总结

项目重点	1. 五笔字型字根表
	2. 汉字拆分原则和编码规则
	3. 简码的录入
	4. 词组的录入
	5. 文档的录入
项目难点	1. 五笔字型字根表
	2. 末笔交叉识别码

学习评估

评价项目	内　　容	掌握情况								
		教师评价			小组评价			自我评价		
		优	中	差	优	中	差	优	中	差
知识评价	汉字的层次与字型									
	五笔字型字根表									
	汉字的拆分原则									
	汉字的编码规则									
	简码的编码规则									
	词组的编码规则									

续表

评价项目	内　　容	掌握情况								
		教师评价			小组评价			自我评价		
		优	中	差	优	中	差	优	中	差
技能评价	单字的录入准确率									
	词组的录入准确率									
	文档的录入准确率 　评价标准：准确率低于 90% 为"差"；达到"91%~96%"为"中"；超过 96% 为"优"									
	文档的录入速度 　评价标准：低于"40 字/分钟"为"差"；达到"41~60 字/分钟"为"中"；超过"60 字/分钟"为"优"									
素养评价	细心、耐心、高效的职业素养	（文字描述）			（文字描述）			（文字描述）		

3

项目4
综合实训

学习目标

使用一种熟悉的输入法（如五笔字型输入法、搜狗拼音输入法）录入文章，培养手眼脑的协调能力，提高输入速度。

项目导读

随着我国信息化建设的发展，计算机文字录入已成为社会认可的职业，国家劳动和社会保障部已出台了《计算机文字录入员》职业标准。政府机关、企事业单位中对计算机文字录入及文案处理人员的需求十分旺盛，并广泛出现在公检法笔录、律师笔录、现场会议记录、网站文字记录、媒体采访记录、录音（像）文字整理、出版社的大量文字录入等工作中，以及电子商务、电子政务、企业信息化、服务外包等领域。为能较好对接工作岗位、适应社会的需求，本项目主要是对教材前面的内容进行拓展，进一步提高学生文字录入的综合能力。

任务 4-1　新闻报道的文字录入

任务描述

新闻报道是报纸、电台、电视台、互联网经常使用的记录社会、传播信息、反映时代的一种文体。新闻报道是一种常见的文字录入工作，其中包含了中文、英文、数字等的录入。

问题引导

为了在最短时间里提高自己的打字速度，平时该如何练习？

任务实施

录入以下新闻报道文章，并将成绩记录在表 4-1-1 中。

表 4-1-1　任务 4-1 成绩记录表

用时	速度	正确率	易错汉字	备注

"中国天眼"迎全球

4

位于贵州省平塘县的 500 米口径球面射电望远镜（Five-hundred-meter Aperture Spherical radio Telescope，简称 FAST），是目前世界上最大的单口径射电望远镜，有"中国天眼"之称。"中国天眼"的灵敏度超群，可以验证和探索很多宇宙奥秘，例如引力理论验证、星系演化、恒星和行星起源，乃至物质和生命的起源等，是个身在洼地、心系深空的"天空实验室"。

本着开放天空的原则，FAST 于北京时间 2021 年 3 月 31 日 0 时起向全世界天文学家发出邀约，征集观测申请，所有国外申请项目统一参加评审。观测时间从 2021 年 8 月开始。

通过国家验收启动运行以来，中国天眼设施运行稳定可靠，发现的脉冲星数量已达到 500 余颗，并在快速射电暴等研究领域取得重大突破。中国天眼的研制和建设，不仅体现了我国的自主创新能力，还推动了我国天线制造技术、微波电子技术、并联机器人、大尺度结构工程、公里范围高精度动态测量等众多高科技领域的发展。

中国科学院院士、FAST 科学委员会主任武向平表示，FAST 面向全球开放使用，彰显了充分合作的理念，以及对人类命运共同体理念的实践。

 ## 任务 4-2　印刷行业的文字录入

📖 任务描述

在印刷行业，常常要将纸质上大篇幅的文字快速输入到电脑中，随着科技的发展，这个问题正在不断的解决，例如，利用 OCR（光学字符识别）技术，不仅是印刷业，票据识别、证件识别、大量文字资料都使用了自动化信息或数据采集技术。现在智能手机中的"智慧识别"或社交软件，也能实现这样的功能。

📖 任务实施

假如您是印刷行业生产部职员，要将如下文章快速录入计算机中。

参考步骤：事先将文章拍照或扫描成图，在 WPS 中插入该图片，选择图片，单击鼠标右键，在弹出的快捷菜单中选择"提取图中文字"功能，快速录入文章并简单排版，完成后填写实践体验表。

课后也可以使用手机中扫描功能，尝试提取图片中的文字，并将优、缺点记录在表 4-2-1 中。

表 4-2-1　任务 4-2 实践体验表

用时	正确率	优点	缺点

唐诗里的中国

也许，在我们每个人的心底，都藏着一个小小的唐朝，所以在今天，唐装才重回我们的衣柜，中国结又重系我们的裙衫，唐朝的歌曲包上了摇滚的外壳，又一遍遍回响在我们耳畔……爱中国，可以有一千、一万种理由，选一个最浪漫的理由来爱她吧——唐诗生于唐朝，唐朝生于中国，中国拥有世界上独一无二的唐诗！爱唐诗，更爱中国。

站在世纪的长河上，你看那牧童的手指，始终不渝地遥指着一个永恒的诗歌盛世——那是歌舞升平的唐朝，是霓裳羽衣的唐朝。唐朝的诗书，精魂万卷，卷卷永恒；唐朝的诗句，字字珠玑，笔笔生花。无论是沙场壮士征夫一去不还的悲壮，还是深闺佳人思妇春花秋月的感慨，唐诗之美，或痛彻心扉，或曾经沧海，或振奋人心，或凄凉沧桑，都是绝伦美奂，久而弥笃。

翻开《唐诗三百首》，读一首唐诗，便如拔出了一支锈迹斑驳的古剑。精光黯黯中，闪烁着一尊尊成败英雄不灭的精魂：死生契阔，气吞山河，金戈铁马梦一场，仰天长啸归去来……都在滚滚大浪中灰飞烟灭。多么豪迈的唐诗呵！读一首唐诗，宛如打开一枚古老的胭脂盒，氤氲香气中，升腾起一个个薄命佳人哀婉的叹息。思君君不知，一帘幽怨寒。美人卷帘，泪眼观花，多少个寂寞的春夜襟染红粉泪！多么凄美的唐诗呵！浅斟低吟，拭泪掩卷。

寒山寺的钟声余音袅袅，舒展双翼穿越时空，飞越红尘，似雁鸣，如笛音，声声谱回肠。世事更迭，岁月无常，更换了多少个朝代的天子！唐宗宋祖，折戟沉沙；三千粉黛，空余叹嗟。富贵名禄过眼云烟，君王霸业恒河沙数。唯有姑苏城外寒山寺的钟声，依然重复着永不改变的晨昏。唐朝的江枫渔火，就这样永久地徘徊在隔世的诗句里，敲打着世人浅愁的无眠。

唐朝的月明。不知谁在春江花月夜里，第一个望见了月亮，从此月的千里婵娟，夜夜照亮无寐人的寂寥。月是游子的故乡，床前的明月光永远是思乡的霜露；月是思妇的牵挂，在捣衣声声中，夜夜减清辉。月是孤独人的酒友，徘徊着与举杯者对影成三人。唐朝的酒烈。引得诗人纷纷举杯消愁，千金换酒，但求一醉。三杯通大道，一斗合自然。人之一生，能向花间醉几回？临风把酒酹江，醉里挑灯看剑。醉卧中人间荣辱皆忘，世态炎凉尽空。今朝的酒正浓，且来烈酒一壶，放浪我豪情万丈。

唐朝的离别苦。灞桥的水涓涓地流，流不断历历柳的影子。木兰轻舟，已理棹催发，离愁做成昨夜的一场秋雨，添得江水流不尽。折尽柳条留不住的，是伊人的脚步；挽断罗衣留不住的，还有岁月的裙袂。一曲离歌，两行泪水，君向潇湘我向秦。都说西出阳关无故人，何地再逢君？

唐朝的诗人清高。一壶酒，一把剑，一轮残月。一路狂舞，一路豪饮。舞出一颗盛唐的剑胆，饮出一位诗坛的谪仙。醉卧长安，天子难寻，不是粉饰，不为虚名。喜笑悲歌气傲然，九万里风鹏正举。沧海一声笑，散发弄扁舟，踏遍故国河山，一生哪肯摧眉折腰！

万卷古今消永昼，一窗昏晓送流年。三百篇诗句在千年的落花风里尘埃落定。沏一杯菊花茶，捧一卷《唐诗三百首》，听一听巴山夜雨的倾诉、子夜琵琶的宫商角羽，窗外有风透过湘帘，蓦然间忘了今夕何夕。

唐装在身，唐诗在手，祖国在心中。

任务 4-3　电商客服的文字录入

任务描述

电子商务客服是承载着售前售中客户咨询、客户投诉、订单业务受理、通过各种沟通渠道获取参与与客户调查、与客户直接联系的一线业务受理人员。尤其是在双十一等销售旺季，一名客服往往同时与多位客户交流。在与客户交流过程中，其录入速度、礼貌用语、对产品的正确描述等是维持良好客户关系的基本因素。组织学生进行角色扮演，让学生体会相关行业的职业行为，也能有效提高文字录入速度。

任务实施

本实践活动以小组为单位进行，使用角色扮演方式，模拟电商客服在计算机端使用微信或 QQ 同时为两名客户进行手机产品的介绍，在交流过程中可以参考以下案例（表 4-3-1），也可以自由发挥，注意用语规范，并记录活动具体内容，填写电商客服日志表（表 4-3-2）。

表 4-3-1　电子商务客服售前服务案例

产品案例	手机
产品介绍	网络类型：5G 全网通 售后服务：全国联保 分辨率：FHD+2400 * 1080 像素 CPU 核心数：八核 存储容量：6G+128G；8G+256G 摄像头：前后双置摄像头

续表

客服与客户交流案例	客户：您好！ 客服小李：您好！我是小李，很高兴为您服务，请问有什么可以帮您？ 客户：我想买一台手机。 客服小李：您买手机是自己用的？还是送给别人的？ 客户：我给我父亲买的。 客服小李：您真孝心，您父亲真幸福，请问您对手机有什么要求？ 客户：我爸爸喜欢拍照，喜欢看新闻，有时候也玩一些小游戏。 客服小李：这款手机是 5G 全网通，有前后高清摄像头，高像素拍照，屏幕大小适中，分辨率达 2400 * 1080 像素，操作简单，您可以选择 6G+128G 或 8G+256G 存储容量，性价比很高，老人肯定喜欢。 客户：售后如何？ 客服小李：您放心，这款手机全国联保，送运费险，支持七天无理由退货，而且您现在购买可以享受双十一活动价，满一千再减一百。 客户：好的，就这一款吧。 客服小李：您直接拍下即可，24 小时之内会为您发货，感谢您的信任，有什么问题可随时联系我！

表 4-3-2　任务 4-3 电商客服日志表

组别			
客服姓名			
客户 1 姓名		客户 2 姓名	
交流内容记载	与客户 1 的交流内容		
	与客户 2 的交流内容		

对客服的评价（录入速度、打字正确率、用语规范等方面）	

注意：

《汉字速录水平测试标准》参见表 4-3-3。

表 4-3-3 汉字速录水平测试标准

等级	打字速度（字/分钟）	典型能力描述
8	>240	胜任各类会议记录
7	211~240	胜任一般会议记录
6	181~210	胜任部分会议记录
5	141~180	胜任一般书面汉字录入
4	101~140	胜任职业秘书中的汉字录入工作
3	81~100	胜任文秘类的汉字录入工作
2	51~80	胜任办公室日常工作的汉字录入
1	31~50	胜任一般办公需要

4

⌨ 项目总结

速录注意事项	1. 打字综合练习是建立在指法熟练且能盲打的基础上，如果在进行综合实训前这一部分尚还欠缺，建议先打好基础
	2. 打字练习是一项枯燥的训练活动，没有足够的毅力是无法练成打字高手的。平时练习时，我们可以筛选比较生动、有趣、有哲理的实训文章，在进行打字练手时，顺便也能收获心灵的慰藉与道德的升华
	3. 打字的文章可长可短，这是模拟现实的需要。前面给出的《汉字速录水平测试标准》中，正常的写字速度为 30 字/分钟，讲话的语速为 180 字/分钟，打字的最高速度为 521 字/分钟。每个人可以根据自己的目标参照该表实施，力求使自己能胜任岗位的工作要求

⌨ 学习评估

评价项目	内　容	掌握情况								
		教师评价			小组评价			自我评价		
		优	中	差	优	中	差	优	中	差
知识评价	汉字输入法的基本知识									
技能评价	输入法的运用									
	录入准确率									
	录入速度									
素养评价	细心、耐心、高效的职业素养	（文字描述）			（文字描述）			（文字描述）		

项目5
我是速录员

学习目标

◇ 知识目标

掌握一般速录的方法。了解速录员应具备的职业素养和速录师的职业标准。

◇ 技能目标

通过技能训练，提高文字录入速度，达到满足一般文字速录要求。

◇ 素养目标

培养学生认真仔细的职业素养。

项目导读

我们常常在电视上看到，一些会议刚刚结束，会议纪要随之就产生了。对领导的讲话进行直播，字幕就跟着出来了，这些工作都离不开速录员。

本项目将分三个任务：一是认识速录员职业以及国家职业标准；二是会议纪要的一般要求和录入方法；三是手写稿的录入和听打练习。

任务 5-1　认识速录员

📖 任务描述

　　速录员是当今社会一个十分紧缺的技能型人才，就业岗位需求量大、要求高。如果想从事速录员行业，应该知道速录员应具备的基本素养和职业标准。

📖 问题引导

　　如果你想当一名速录员，应该具备哪些素质？

📖 知识学习

　　1. 了解速录员从事的工作。
　　2. 了解速录员的职业标准。
　　3. 知道如何成为一名速录员。

📖 任务实施

1. 什么是速录员

　　速录员，是指从事语音信息实时采集并生成电子文本的人员。要求从业者具备一定的文化素质、心理素质、录入水平，同时遵守速录工作的职业道德。经过国家人力资源和社会保障部职业资格鉴定中心考试合格后颁发《速录师职业资格证书》。速录员不是简单意义上的打字员，他不仅要具有与语言同步的文字录入速度，还要具备一定的综合素质和文化素养，其工作内容以记录有声语言即口语为主，要求对口语中的同音字词、多音字等能够准确判断和运用自如，同时还要掌握一些常用的英语缩略词，以适应报告会或国际中文论坛中涉及的名词术语词汇，如 WTO、GDP 等。本职业设三个等级，分别为：速录员、速录师和高级速录师。

2. 速录员国家职业标准

• 职业名称：速录员

• 职业定义：运用速录机设备，从事语音信息实时采集并生成电子文本的人员。

• 职业等级：本职业共设三个等级，分别为：速录员（国家职业资格五级）、速录师（国家职业资格四级）、高级速录师（国家职业资格三级）。

• 职业环境：室内，常温，低噪声。

• 职业能力特征：具有准确的听辨能力，反应灵敏，观察敏锐，双手操作灵活、协调。

• 基本文化程度：高中毕业（或同等学力）。

• 职业守则：

（1）遵纪守法，保守秘密。

（2）实事求是，讲求时效。

（3）忠于职守，谦虚谨慎。

（4）团结协作，爱护设备。

（5）爱岗敬业，无私奉献。

（6）服务热情，尊重知识产权。

（7）钻研业务，不断创新。

3. 如何当好一名速录员

第一，是细心，一定要非常仔细地回读已经记录的文字，不放过每一个错，只要时间允许，小到一个标点都要注意。

第二，确定发言者姓名。当会议不是讲座，而是多个人的讨论会时，确定发言人的姓名是很重要的。一般在会议开始之前，桌上都会有与会人士的名牌，要把每一个人名，按顺序仔细抄好并事先自定义。会议开始后，每当换人发言时，一定要放下手里的活，先确定名字是否正确，这点极为重要。

第三，在不知如何去改的地方留下记号。有时，由于发言者的声音过小或内容不熟悉，很可能有的地方没有打对，这时也不要急，在不明白的地方打上几个问号，会议结束后，再听一遍，解决这种问题。

第四，要随时保存，实际工作中各种问题都可能发生，为防止资料丢失，一定要随时保存。

　　第五，要注意不断地拓宽自己的知识面，提高文学水平。广阔的知识面、深厚的文学底蕴，能够大大地提高工作的质量与效率。

任务 5-2　会议纪要

任务描述

　　对于一个正式会议，往往要有会议纪要，记录会议精神。

问题引导

　　如果你作为一个会议的记录人，如何录入会议纪要？

知识学习

　　1. 了解会议纪要的含义。

　　2. 掌握会议纪要的类型。

　　3. 掌握会议纪要的一般结构和录入要求。

任务实施

1. 会议纪要的含义

　　会议纪要是用于记载、传达会议情况和议定事项，要求与会者和有关单位遵照执行的公文，它不同于会议记录。

　　会议纪要通过记载会议基本情况、会议主要成果、会议议定事项，综合概括性地反映会议的基本精神，以便与会单位统一认识，在会后贯彻落实。会议纪要基本上是下行文，但与会单位不一定是召集会议机关的下属，有时是协作单位，所以它作为下行文是相对而言的。事实上，会议纪要有时要向上级机关呈报，有时向同级机关发送，有时向下级机关下发。

会议纪要具有纪实性、概括性、条理性等特点。

2. 会议纪要的类型

会议纪要一般分为日常工作会议纪要和大型会议纪要两种。

（1）日常工作会议纪要

日常工作会议纪要用于日常办公会议，主要记载会议的组织情况和会议的主要内容及议定的事项。

（2）大型会议纪要

大型会议纪要常用于大型的专业性或专题性会议。这类会议纪要主要记载会议围绕某重大问题讨论的情况，具体内容包括：分析形势、阐明意义、指出方向、提出要求。这种纪要既可用公文形式印发给有关部门、单位，也可在报刊中发表。

3. 会议纪要的录入结构

会议纪要一般由标题、正文和落款三部分组成。

（1）标题

会议纪要的标题有两种格式：一是会议名称加纪要，也就是在"纪要"两个字前写上会议名称，如《全国财贸工会工作会议纪要》《吉林省工商行政管理局长会议纪要》。会议名称可以写简称，也可以用开会地点作为会议名称，如《京、津、沪、穗、汉五大城市治安座谈会纪要》《郑州会议纪要》。二是把会议的主要内容在标题里揭示出来，类似于文件标题，如《关于加强纪检工作座谈会纪要》《关于落实省委领导同志批示保护省级文物七级浮屠塔问题的会议纪要》等。

在标题的正下方应该写好文号，文号由年份、序号组成，用阿拉伯数字全称标出，并用〔〕括入，如"〔2011〕27 号"。

会议纪要的时间可以写在标题的下方，也可以写在正文的右下方、主办单位的下面，要用汉字写明年、月、日，如"二〇一一年八月十六日"。

（2）正文

正文包括开头、主体、结尾三部分。

① 开头。

简要介绍会议概况，其中包括：会议召开的形势和背景，会议的指导思想和目的要求，会议的名称、时间、地点、与会人员、主持者，会议的主要议题或解决什么问题，对会议的评价。

② 主体。

它是纪要的主体部分，是对会议的主要内容、主要精神、主要原则以及基本结论和今后任务等进行具体的综合和阐述。其结构安排主要有四种方法：一是按会议研究的内容（问题）的顺序撰写，逐个说明会议研究的问题及处理意见和做出的决定等，这种方法符合综合性会议的会议纪要，将问题一个一个分开写明、写清为止；二是把会议研究的内容（问题）归纳分类，然后分项撰写，这种方法符合重要的座谈会、学术会议、研讨会和会议内容比较复杂的工作会议的会议纪要；三是按事物发展的规律来写，这种方法符合专题或专门性会议的会议纪要，一般包括对过去工作的评价、对当前形势的分析、对未来工作总要求和总任务以及应采取的措施等；四是按专题分项进行撰写，这种方法适用于研究具体工作的会议纪要，即会议研究的议题所涉及的事项要一一交代清楚，包括对研究事项的定性和处理意见等。

③ 结尾。

一般写法是提出号召和希望。但要根据会议的内容和纪要的要求，有的是以会议名义向本地区或本系统发出号召，要求广大干部认真贯彻执行会议精神，夺取新的胜利；有的是突出强调贯彻落实会议精神的关键问题，指出核心问题；有的是对会议做出简要评价，结合提出希望要求。

（3）落款

会议纪要的落款一般包括署名和成文时间两项，署名机关单位名称，写明成文时间（年、月、日）。如果在标题中已写明行文机关和时间，此处可以省略。

4. 会议纪要的记录要求

（1）实事求是

会议纪要要忠实于会议的内容，不能违背会议的内容随心所欲地增减或更换内容，不能把与会人员个人的观点写进会议纪要，更不能把记录人员或起草人员的意见写进会议记录。对于不正确的意见、未确定的意见不能写进会议纪要。

（2）结构严谨

会议纪要的正文部分的布局要合理，层次要清楚，并要做到条理化、理论化。一个部分的内容写完之后，再写另一个部分的内容，做到文题一致、逻辑严密。

（3）方法得当

起草会议记录的人员要亲自参加会议，并认真做好会议记录。要注意记录正确的意见和结论性、表态性、决议性、总结性发言，将正确的意见、决议性意见写入纪要之中。对于有分歧的意见，除学术性会议纪要、务虚性会议纪要外，不能写入会议纪要之中。

（4）中心突出

各类会议的纪要，都要做到中心突出，抓住会议所要解决的主要问题，形成会议纪要的中心和要点，切不可面面俱到，但不能对会议解决的问题、议定的事项有遗漏。

5. 会议纪要范文

武汉航道局文化建设会议纪要

2019 年 4 月 16 日下午，荆江航道文化建设项目组召开第二次月度工作布置会，×××副书记、原工会主席×××、荆江航道文化建设项目组成员参加了会议，现将会议的主要精神纪要如下：

一、会议基本情况

会上，传达学习了长江航道局文化建设会精神，对前一阶段荆江航道文化建设工作进行了小结，对下一阶段工作进行了布置；会议重点对《荆江航道文化手册》核心理念以及《荆江航道儿女》《荆江航道故事》涉及的内容进行了研讨。会议还对荆江航道文化适用范围界定问题进行了认真的讨论，与会人员认为，荆江是中游航道最具代表性的河段，荆江航道文化实质上代表着武汉航道局的文化。

二、前一阶段主要工作完成情况

1. 继续开展了荆江航道文化相关基础资料收集工作。

2. 印发了《荆江航道文化建设工作大纲》。

3. 到荆州、监利、洪湖、武汉处开展了荆江航道文化建设工作调研。

4. 多次召开座谈会对《文化手册》进行研讨，搭建了《文化手册》基本框架，并初步确定了荆江航道文化核心理论、管理理念、专项文化等部分内容。

5. 开展了武汉航道局先进个人（集体）资料收集工作。

6. 加强文化建设宣传，在局外网开辟了荆江文化建设专栏。

7. 参加了长江航道局文化建设推进会，在会上汇报了我局文化建设情况。

三、4—5月主要工作任务

1. 组织干部职工认真学习长江航道局文化建设推进会精神。

2. 集中精力做好《荆江航道文化手册》的编写工作，4月底形成《手册》初稿，5月份组织修改，并在一定范围内征求意见。

3. 抓紧进行《荆江航道儿女》、《荆江航道故事》作品集编辑工作。确定入选集体、个人名单，进一步收集资料，开展编写工作。

四、做好下一步荆江航道文化工作的要求

×××副书记对下一阶段荆江航道文化建设工作提出三点要求：

一是要严格按照工作计划及时间节点推进各项工作，工作尽量提前；二是要注意工作质量，把工作做出水平，干出特色；三是要加强沟通，保证信息顺畅，同时要做好沟通协调，确保工作有序推进。

长江武汉航道局党委办公室

2019年4月16日

📖 **拓展练习**

请读者上网查询如财经论文、电子邮件、留言条等一般应用文体的录入方法。

 # 任务5-3 手写文稿的录入

📖 **任务描述**

作为一名速录员，常常会遇到一些手写搞，要求对照手写稿，将手写稿录成电子稿。有时还会要求同声录入，和同声翻译一样，同声录入也要求速度和准确，是现代会议、直播等必需的工作岗位。

📖 问题引导

如果你是一名速录员，遇到手写稿或要求同声录入，如何准确、快速录入？

📖 知识学习

1. 通过实践，了解手写稿和同声录入的一般特点。
2. 通过实践，掌握手写稿和同声录入的一般方法。

📖 任务实施

1. 手写稿录入

手写稿往往因人而异，有的手写稿字迹工整，容易辨认，这样的手写稿录入相对简单。有的则字迹潦草，不容易辨认，则需要录入者找到书写者的书写习惯和特点，进行有效辨认。有的甚至有文字上的笔误，还需要录入者结合上下文进行更正。总之，录入手写稿，要求录入者有更加认真仔细的态度。

2. 同声录入

针对听打练习，初学者可以找些自己感兴趣的文章以适合自己的打字速度进行录音，然后做听打练习。感兴趣的文章练起来也有兴趣。可以在听新闻广播时练习。新闻广播的速度比较快，初学者一般很难跟上，但若习惯了新闻广播的语速，对提高听打水平会有很大帮助。可以在看电影或电视时打台词。一边看着一边按着，把电影里面的台词打下来，不失为一种娱乐与练习相结合的好方法。可以从网上下载一些速录用的声音文件，做听打练习。这是最标准的练习方法，一定要认真对待，并且要校对评分。可以边听歌曲边打歌词。找几首自己喜欢的歌曲，一边欣赏歌曲，一边把歌词打下来，这尤其适合速录练到枯燥乏味的时候，是一种放松心情的练习方法。可以在开会的时候进行练习。

5

⌨ 项目实训

📖 实训目的

通过各种形式的录入练习，提高速录水平。

📖 实训内容

1. 参加主题会议，录入会议纪要。
2. 请同学朗读散文或新闻材料，练习同声录入。
3. 使用打字软件，练习同声录入。
4. 搜集手写文稿，练习手稿录入。

📖 实训评价表

用时	速度	正确率	易错汉字	备注

⌨ 项目总结

项目重点	1. 会议纪要的一般要求和录入方法
	2. 手写稿录入
	3. 同声录入
项目难点	1. 会议纪要的一般要求和录入方法
	2. 运用同声录入，提升录入速度和水平

学习评估

评价项目	内　　容	掌握情况								
		教师评价			小组评价			自我评价		
		优	中	差	优	中	差	优	中	差
知识评价	会议纪要的一般要求									
技能评价	录入会议纪要									
	手写稿录入									
	同声录入									
素养评价	细心、耐心、高效的职业素养	（文字描述）			（文字描述）			（文字描述）		

5

附录

附录 1　键盘分区

功能键区　　状态指示区

主键盘区　　控制键区　　数字键区

附录 2 手指分工

附录3　Windows 10 常用快捷键

常用快捷键	功　　能	常用快捷键	功　　能
F1	显示帮助	Ctrl+A	选择文档或窗口中的所有项目
Ctrl+C	复制选择的项目	Win+Q	搜索文件或文件夹
Ctrl+X	剪切选择的项目	Alt+Enter	显示所选项的属性
Ctrl+V	粘贴选择的项目	Alt+F4	关闭活动项目或者退出活动程序
Ctrl+Z	撤销操作	Alt+空格键	为活动窗口打开快捷方式菜单
Ctrl+Y	重新执行某项操作	Ctrl+F4	关闭活动文档（在允许同时打开多个文档的程序中）
Shift+Delete	不先将所选项目移动到"回收站"而直接将其删除	Alt+Tab	在打开的项目之间切换
F2	重命名选定项目	Ctrl+Alt+Tab	使用箭头键在打开的项目之间切换
Alt+Esc	以项目打开的顺序循环切换项目	Ctrl+鼠标滚轮	更改桌面上的图标大小
Ctrl+Esc	打开"开始"菜单	Win+Tab	使用 Aero Flip 3-D 循环切换任务栏上的程序
Ctrl+Shift 加某个箭头键	选择一块文本	Ctrl+Shift+Esc	打开"任务管理器"
Win+Pause	显示系统属性对话框	Ctrl+Win+F	搜索计算机（如果用户在网络上）
Win+D	最小化所有窗口并转到桌面	Win+L	锁定用户的计算机或切换用户
Win+E	打开文件资源管理器	Win+R	打开"运行"对话框
Win+Ctrl+D	创建一个新的虚拟桌面	Win+T	切换任务栏上的程序
Win+Ctrl+←/→	转到左/右侧的虚拟桌面	PrintScreen	复制屏幕
Win+Ctrl+F4	关闭当前虚拟桌面	Alt+PrintScreen	复制当前窗口

附录 4　五笔字根表

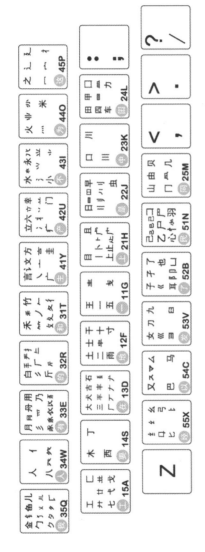

11　王旁青头戋(兼)五一，
12　土士二干十寸雨，
13　大犬三羊古石厂，
14　木丁西，
15　工戈草头右框七。

21　目具上止卜虎皮，
22　日早两竖与虫依，
23　口与川，字根稀，
24　田甲方框四车力，
25　山由贝，下框几。

31　禾竹一撇双人立，
　　反文条头共三一，
32　白手看头三二斤，
33　月彡(衫)乃用家衣底，
34　人和八，三四里，
35　金勺缺点无尾鱼，
　　犬旁留叉儿一点夕，
　　氏无七(妻)。

41　言文方广在四一，
　　高头一捺谁人去，
42　立辛两点六门疒，
43　水旁兴头小倒立，
44　火业头，四点米，
45　之宝盖，摘礻(示)衤(衣)。

51　已半巳满不出己，
　　左框折尸心和羽，
52　子耳了也框向上，
53　女刀九臼山朝西，
54　又巴马，丢矢矣，
55　慈母无心弓和匕，
　　幼无力。

附　录

郑重声明

高等教育出版社依法对本书享有专有出版权。任何未经许可的复制、销售行为均违反《中华人民共和国著作权法》，其行为人将承担相应的民事责任和行政责任；构成犯罪的，将被依法追究刑事责任。为了维护市场秩序，保护读者的合法权益，避免读者误用盗版书造成不良后果，我社将配合行政执法部门和司法机关对违法犯罪的单位和个人进行严厉打击。社会各界人士如发现上述侵权行为，希望及时举报，我社将奖励举报有功人员。

反盗版举报电话　　（010）58581999　58582371

反盗版举报邮箱　dd@hep.com.cn

通信地址　北京市西城区德外大街4号　高等教育出版社法律事务部

邮政编码　100120

读者意见反馈

为收集对教材的意见建议，进一步完善教材编写并做好服务工作，读者可将对本教材的意见建议通过如下渠道反馈至我社。

咨询电话　400-810-0598

反馈邮箱　zz_dzyj@pub.hep.cn

通信地址　北京市朝阳区惠新东街4号富盛大厦1座

　　　　　高等教育出版社总编辑办公室

邮政编码　100029

防伪查询说明

用户购书后刮开封底防伪涂层，使用手机微信等软件扫描二维码，会跳转至防伪查询网页，获得所购图书详细信息。

防伪客服电话

（010）58582300

学习卡账号使用说明

一、注册/登录

访问http://abook.hep.com.cn/sve，点击"注册"，在注册页面输入用户名、密码及常用的邮箱进行注册。已注册的用户直接输入用户名和密码登录即可进入"我的课程"页面。

二、课程绑定

点击"我的课程"页面右上方"绑定课程"，在"明码"框中正确输入教材封底防伪标签上的20位数字，点击"确定"完成课程绑定。

三、访问课程

在"正在学习"列表中选择已绑定的课程，点击"进入课程"即可浏览或下载与本书配套的课程资源。刚绑定的课程请在"申请学习"列表中选择相应课程并点击"进入课程"。

如有账号问题，请发邮件至：4a_admin_zz@pub.hep.cn。